数字化人才职场赋能系列丛书

U0166624

Python

数据分析

入门与实战

开课吧◎组编

杨国俊 张植皓 潘海超 梁勇 常江 李潇迪 等◎编著

机械工业出版社

CHINA MACHINE PRESS

本书系统地描述了如何利用 Python 语言进行数据分析。由浅入深的编写方式可以帮助读者轻松愉快地进入数据的世界。

全书从理论到实践、从基础语法到科学计算库，循序渐进地讲解了 Python 数据分析所需要学习的技能。搭配项目实战帮助读者更好、更快地掌握 Python 数据分析知识点。此外，还全面介绍了数据分析的必知必会技能。

本书提供代码资源下载服务，每章均配有重要知识点串讲视频。

本书不仅适合零基础喜欢数据分析的入门级读者，还可助力数据分析从业者进行技术进阶。

图书在版编目（CIP）数据

Python 数据分析入门与实战／杨国俊等编著 . —北京：机械工业出版社，2020. 8

（数字化人才职场赋能系列丛书）

ISBN 978-7-111-66042-2

Ⅰ . ①P…　Ⅱ . ①杨…　Ⅲ . ①软件工具–程序设计　Ⅳ . ①TP311. 561

中国版本图书馆 CIP 数据核字（2020）第 119693 号

机械工业出版社（北京市百万庄大街 22 号　邮政编码 100037）
策划编辑：孙　业　责任编辑：孙　业　李培培
责任校对：张艳霞　责任印制：张　博
三河市国英印务有限公司印刷

2020 年 8 月第 1 版·第 1 次印刷
184mm×260mm · 16. 25 印张 · 398 千字
标准书号：ISBN 978-7-111-66042-2
定价：69. 90 元

电话服务　　　　　　　　　　　网络服务

客服电话：010-88361066　　　机 工 官 网：www.cmpbook.com
　　　　　010-88379833　　　机 工 官 博：weibo. com/cmp1952
　　　　　010-68326294　　　金 书 网：www. golden-book. com
封底无防伪标均为盗版　　　机工教育服务网：www. cmpedu. com

致数字化人才的一封信

如今，在全球范围内，数字化经济的爆发式增长带来了数字化人才需求量的急速上升。当前沿技术改变了商业逻辑时，企业与个人要想在新时代中保持竞争力，进行数字化转型不再是选择题，而是一道生存题。当然，数字化转型需要的不仅仅是技术人才，还需要能将设计思维、业务场景和ICT专业能力相结合的复合型人才，以及在垂直领域深度应用最新数字化技术的跨界人才。只有让全体人员在数字化技能上与时俱进，企业的数字化转型才能后继有力。

2020年对所有人来说注定是不平凡的一年，突如其来的新冠肺炎疫情席卷全球，对行业发展带来了极大冲击，在各方面异常艰难的形势下，AI、5G、大数据、物联网等前沿数字技术却为各行各业带来了颠覆性的变革。而企业的数字化变革不仅仅是对新技术的广泛应用，对企业未来的人才建设也提出了全新的挑战和要求，人才将成为组织数字化转型的决定性要素。与此同时，我们也可喜地看到，每一个身处时代变革中的人，都在加快步伐投入这场数字化转型升级的大潮，主动寻求更便捷的学习方式，努力更新知识结构，积极实现自我价值。

以开课吧为例，疫情期间学员的月均增长幅度达到300%，累计付费学员已超过400万。急速的学员增长一方面得益于国家对数字化人才发展的重视与政策扶持，另一方面源于疫情为在线教育发展按下的"加速键"。开课吧一直专注于前沿技术领域的人才培训，坚持课程内容"从产业中来到产业中去"，完全贴近行业实际发展，力求带动与反哺行业的原则与决心，也让自身抓住了这个时代机遇。

我们始终认为，教育是一种有温度的传递与唤醒，让每个人都能获得更好的职业成长的初心从未改变。这些年来，开课吧一直以最大限度地发挥教育资源的使用效率与规模效益为原则，在前沿技术培训领域持续深耕，并针对企业数字化转型中的不同需求细化了人才培养方案，即数字化领军人物培养解决方案、数字化专业人才培养解决方案、数字化应用人才培养方案。开课吧致力于在这个过程中积极为企业赋能，培养更多的数字化人才，并帮助更多人实现持续的职业提升、专业进阶。

希望阅读这封信的你，充分利用在线教育的优势，坚持对前沿知识的不断探索，紧跟数字化步伐，将终身学习贯穿于生活中的每一天。在人生的赛道上，我们有时会走弯路、会跌倒、会疲惫，但是只要还在路上，人生的代码就由我们自己来编写，只要在奔跑，就会一直矗立于浪尖！

希望追梦的你，能够在数字化时代的澎湃节奏中"乘风破浪"，我们每个平凡人的努力学习与奋斗，也将凝聚成国家发展的磅礴力量！

慧科集团创始人、董事长兼开课吧 CEO　方业昌

　　随着信息时代的到来，数字化经济革命的浪潮正在颠覆性地改变着人类的工作方式和生活方式。在数字化经济时代，从抓数字化管理人才、知识管理人才和复合型管理人才教育入手，加快培养知识经济人才队伍，可为企业发展和提高企业核心竞争能力提供强有力的人才保障。目前，数字化经济在全球经济增长中扮演着越来越重要的角色，以互联网、云计算、大数据、物联网、人工智能为代表的数字技术近几年发展迅猛，数字技术与传统产业的深度融合释放出巨大能量，成为引领经济发展的强劲动力。

　　在日常生活和工作中，海量数据不断产生，而如今这个时代数据就是生产力。数据分析从业者都希望高效地分析数据，发现数据背后的秘密。Python语言具有强大的数据处理能力，因此成为数据分析首选语言。

　　本书从Python基础语法到科学计算库，由浅入深，逐步介绍数据分析工具及数据分析的方法论。最后通过实战案例贯穿所有知识点，实现理论与实践的完美结合。

　　本书的内容包括认识数据分析、环境安装、Python基础知识、数据灵魂基础之NumPy、数据规整之Pandas入门、数据加载、数据预处理、Pandas数据优化、数据可视化及电商销售数据分析等。阅读本书，读者能够轻松掌握Python基础语法及科学计算库，学会使用Python实现数据抽取、数据清洗、数据集成、数据变换、数据向量化及数据可视化等，还可以通过实战案例深入理解数据分析的思路和流程。

　　本书每章都配有专属二维码，读者扫描后即可观看作者对于本章重要知识点的讲解视频。扫描下方的开课吧公众号二维码将获得与本书主题对应的课程观看资格及学习资料，同时可以参与其他活动，获得更多的学习课程。

　　本书所有案例都在Anaconda环境中调试运行通过，并且每章中都提供了相应的资源，以帮助读者顺利完成编码任务，读者可以按照书中内容进行练习。此外，本书配有源代码资源文件，读者可登录https://github.com/kaikeba免费下载使用。

本书由数字化人才在线教育平台开课吧组编，参加本书编写的有杨国俊、张植皓、潘海超、梁勇、常江、李潇迪、丁燕琳、杨乐、吴慧斌、王学习、王国鹤和朱建安等。

限于时间和作者水平，书中难免有不足之处，恳请读者批评指正。

编　者

目录

扫一扫观看串讲视频

第*1*章
认识数据分析

本章主要介绍数据分析中的基本概念，明确在数据分析过程中所处理的数据的定义，主要说明数据处理过程中可能会出现的问题及解决方案，以及使用 Python 进行数据分析的基本流程、常用工具及数据分析最终要形成的结果。通过学习本章，读者不仅能对使用 Python 进行数据分析有一个简单的认识，还能够掌握数据分析的常用方法。

1.1 重新认识数据分析

最近几年，"大数据"与"数据分析"一直都是异常火爆的名词。其实，数据分析可以追溯到很久以前，而伴随着 Python 等众多开源软件的兴起有了更大的应用范围。传统的数据分析一般只是使用 Excel 来进行数据的汇总与展示，并将数据做成可视化的形式。但是 Excel 也有自己的局限，特别是在现在数据量迅速增多且数据格式不太确定的情况下。本书将使用 Python 进行数据分析，选择 Python 的原因其实很简单：一方面是因为 Python 的功能是非常强大的，能够快速处理数据来进行分析，使用起来非常方便；另一方面是因为 Python 是免费的。为了方便读者更好地学习本书，本章从对数据的认识开始，介绍使用 Python 进行数据分析的方方面面。

1.1.1 数据的定义

随机调研一些互联网从业者，即便是数据相关的开发者，对"数据"这个概念的理解也不够全面。通常被调研者会这样回答：数据就是简单的数字；数据就是能够记录的一些基本的数字相关的信息；数据就是财务相关的一些统计报表信息；数据就是国家公布的那些重要信息，如 GDP、银行的存款利率等；数据就是社交软件中产生的那些聊天记录、朋友圈发的信息和照片……可能还不仅仅是这些，毕竟在数字时代每个人对"数据"都有一份自己的理解。倒也不能说这些"数据"的理解是错的，但只是说出了数据的一些简单特征或者一部分定义，并没有给出一个相对来说比较完整的定义。在开启数据分析之旅前，有必要给出一个"数据"的定义，以便让读者有一个共同的认知基础。

简单地从拆字的角度来说，"数据"这个词是由两个字组成的。一个是"数"，一个是"据"。大家可以先思考一下"数"代表的是什么意思呢？肯定会想到数字、数学和数字化这样的字眼，它代表的是一些以数字形式存储的关键信息；而"据"这个字呢？读者肯定容易联想到"证据"或"依据"这样的概念，严格来说，这个"据"在和"数"拼接在一起时可以理解为"证据"的意思。可以得到一个"数据"的简单定义：数字化的证据和依据，是某些事物在发展过程中的一些成长轨迹或者是数据化的记录，是事物发展过后留存下来的证据。拥有了一份这样的"数据"，就意味着用户不仅仅看到的是简单的数字化的信息，还可以从多个角度理解这个数据。若是没能从中获取数据的内在含义，就不能称之为本书所讨论的"数据"，因为那样的数据只是一些简单的"数"而已。

为了更好地理解"数据"的含义，下面详细举例说明。例如，"王叔叔的体重是 52 kg"这个表述就是一个相对比较完整的"数据"化表述，而单纯地说"52 kg"时，就没有提供太多的信息，因此只能认为"52 kg"是一个"数"。以此类推，"北京地铁 13 号线的车厢有 10 节""今年公司的 GDP 超过了 100 亿元"等这些信息都符合所说的数据特征。若是失去了相关的描述性信息而没有凸显"证据性"，这样的信息就不能称为"数据"。

1.1.2　分析数据的重要性

　　大部分公司产生的数据都可以使用 Python 的相关模块进行处理和分析。例如，在分析电商公司的销售数据时，分析师可以对数据中的点击率、流量、用户活跃度、订单量和营销费用做分析，形成一份分析报告来支持公司的运营活动。

　　人们早就在利用一些相关的历史数据研究历史学、气象学和天文学等学科，总结出事物在漫漫历史长河发展过程中的一些规律，从而指导生活和实践生产活动，而人类正是靠着不断进行历史总结才得以进步。企业利用历史数据信息也是一样的道理，公司通过把之前的数据积累和沉淀，然后不断分析和总结公司在一些关键决策上的成功经验，研究过去的得失，避免类似的错误，优化企业内部的生产环境；通过对发展规律的分析和探索，可以指导企业的经营和管理决策，让企业的经营决策更加符合市场的需求。这正是数据分析所能产生的重要的商业价值。

　　一家公司所能积累的历史数据越多，数据分析所能起到的作用也就越大。一些公司都在内部构建了一套数据化管理系统，称之为"数据湖"。其基本的设计思路就是不断地丰富企业内部"数据"的积累程度，这些数据可以用来研究市场的发展规律，成为预测未来市场、形成商业洞察的依据。很多企业在经营和管理过程中记录了大量的数据，而这些数据仅仅被企业用来当作一种证据，包括同客户签署的合同、财务记录的交易流水单等。其实这些数据有更大的商业价值。如果企业能够充分利用数据、分析数据，以及挖掘数据背后的生产经营活动的规律，无疑对指导企业快速发展有很大的帮助。

1.2　数据的类别与变化

　　数据类别又是一个新的概念，无论是否对数据进行处理分析，分类都是认知数据的基本方法。通过对事物进行分类，能够根据每种特征快速识别每个具体事物，从而得知哪些是有用的，在使用的过程中要注意哪些方面。分类后，根据类别进行深度研究也是用户日常进行研究时的重要方法。分类是数据分析和挖掘的基本方法之一。

　　综合近几年数据分析行业的认知发展规律，可以得出如下一些结论。图像识别、分析与挖掘的相关技术虽然在最近一段时间的发展速度很快，普及也非常迅速，但仍然局限于某些领域，如生物识别技术、车牌号码识别技术等，这些其实都是在有非常大的市场需求时才逐渐发展起来的。而大数据的图片信息挖掘技术才刚刚起步，音频识别、视频识别技术也在慢慢发展之中，与数值型数据处理能力相比，还有不小的差距。相信在不久的未来，各种存储格式的数据都能得到更好地利用。而从现在开始存储相关的数据，为以后的数据处理技术做准备，是一份非常有前途的工作，在这里提醒有关企业可以投入这样的工作。

　　目前大多数数据库存储的都是结构化数据，自从 SQL（Structured Query Language）诞生以来，表状的结构化数据已经成为信息技术记录数据的标准，最常用的是开源数据库管理系统 MySQL。相对而言，如果行和列的数量不固定，那么这样的数据就不能用二维数据表来进行存储，通常统称为非结构化数据。常见的非结构化数据包括所有格式的办公文档、文本、图片、标准通用标记语言下的子集 XML、HTML、各类报表、图像和音频/视频信息等。部分非结构化的数据可以通过多表关联的方法进行结构化改造。例如，微博数据可以通过一定的形式进行结构化处理，从而能够使用结构化查询语言即 SQL 来进行处理。

在处理非结构化数据的过程中，最核心的方法就是对数据进行分类，即按照数据的行为（或者属性主体）将数据分为静态数据和动态数据，然后分别进行结构化处理。对于静态数据，要采用单独的表格来记录事物的属性和要素。动态数据也建成单独的表格并与静态数据进行关联，从而构成了动静结合的数据表集。将非结构化数据结构化处理的方法是：通过多表关联，让静态数据也单独成表，动态数据单独成表并能够动态更新数据条目，简称"静动分离，动静结合"。客户的动态数据对企业更有价值，因为静态数据记录了客户的基本信息，而针对该客户的动态数据才能让用户对客户有更加深刻的理解。动态数据是指实时数据，如交易数据用于生成用户画像。"静动分离，动静结合"的数据处理方式在对非结构化数据进行结构化处理方面发挥着巨大的作用，让数据处理更加有效。将数据结构化处理后，计算机进行增加、删除、修改和查询等各种运算时效率都会得到大幅度提升。

1.3　数据处理

数据处理有两种不同的含义。广义的数据处理包括所有的数据采集、存储、加工、分析、挖掘和展示等工作；而狭义的数据处理仅仅包括从存储的数据中提取、筛选出有用的数据，对有用的数据进行加工的过程是为"数据分析"和"挖掘的模型"所做的准备工作。

1.3.1　数据处理的含义

在数据分析的过程中"数据处理"的定义是比较明确的，即对数据进行增加、删除、修改和查询等操作。在目前的大数据背景下，数据处理工作往往是通过技术手段来实现的，例如，利用数据库的处理能力对数据进行增加、删除、修改和查询等处理。在数据处理过程中最大的工作是对数据进行清洗，让数据更加规范，让数据的结构更加合理，让数据的含义更加明确，并且让数据处在数学模型的可用状态。

1.3.2　脏数据

对脏数据的处理是一项非常重要的工作。若是没有处理好脏数据，就不能很好地进行数据分析。在实际的操作过程中，使用 NumPy、Pandas 这样的工具来进行脏数据的处理。那什么样的数据称为脏数据呢？一般而言，把记录不规范、格式错误、含义不明确的数据称为"脏数据",主要包括以下几种。

1. 不规范的数据

不规范的数据很常见。例如,同样是人名"李白",用户 A 记录为"李白",用户 B 可能记录为"李 白"。类似的情况同样会发生在地址字段中,例如,"北京""北京市""北 京"等词汇都是指"北京",对读者而言极易分辨,但对计算机来说,这 3 种写法代表着 3 个不同的值,需要通过建立映射关系将数据记录格式统一。每个人都有不同的喜好和记录数据的方式,这给计算机识别造成了很大的困难,一个公司应该有一个明确的规定,要统一数据的录入格式。

2. 数据不一致

数据不一致的情况往往是由于没有遵循"单维数据表"的原则导致的。例如,同一条信息在不同的数据表甚至数据库中都有记录,当对此条信息进行更改后,因为没有同时对所有的数据表都做相同的更改,从而会发生数据不一致的情况。为了避免这种情况,就引入了"单维数据表"的概念,强调公司内部的同一条信息只能记录在一个地方,当其他地方需要时,可以使用索引查询的方式,从而保证数据的一致性,在任何数据表中存在其他表中的数据时,都要在查询输出时进行"同步"更新。数据的一致性虽然在技术上比较容易实现,但是要在企业经营实践中实现却有着巨大的难度。因为不同的部门之间会采用不同的信息管理系统,很容易产生数据不一致的情况。上述的这种情况在大多数公司中都存在并且很严重。

3. 标准不统一

需要对一些事物的描述方法建立统一的标准,从而让计算机可以有效地处理文本数据。例如,在描述导致产品出现质量问题的原因时,大多数情况下是手工输入的,同样的原因,输入的描述会有不同。同样是描述因为电压不稳导致的产品质量问题,有的人会输入为"电压不稳定",有的人会输入为"供电问题"……如果没有统一的规范,在统计汇总数据时会产生上千个导致产品质量问题的原因,这给数据解读、分析及寻找改善措施带来了很大的麻烦。这就需要数据库管理员根据公司的实际情况,将该类原因进行归纳,然后设定几个类别,让员工在系统中进行选择,而不是手工输入。一般情况下,出现最多的前 10 个原因能够覆盖 90% 以上的情况,在输入时先让员工选择,然后留出一个"其他"选项,当员工选择"其他"选项后才能手工输入,这样就有效地解决了数据输入标准化问题。

4. 格式不标准

所谓的格式不标准是指在输入数据时使用了错误的格式。例如,在输入日期时,因为格式不规范,计算机不能自动识别为日期格式。这种问题比较容易处理,可以在信息系统中设定相关的数据校验,如果输入的数据格式不正确,系统会弹出数据输入格式错误的警告。因此这种"脏数据"的出现是比较容易避免的,甚至完全可以人为避免。

5. 附加字段

在清洗数据时，往往需要添加新的字段以便数学模型可以直接处理数据。例如，数据库中可能没有直接的字段来记录员工的工龄，这就需要在添加工龄字段后，通过入职日期来计算；而员工的年龄则通过出生日期来计算。

1.3.3　数据清洗

既然采集的数据中可能有脏数据，那就非常有必要进行数据清洗。所谓的数据清洗，就是对原始数据进行规范化的处理，去除其中的垃圾数据，消除数据的不一致性，并对某些数据进行加工，以便数据处理软件和数据模型能够直接使用。数据清洗是用户进行数据分析的重要前提，目的是为了提高数据的质量，为数据分析准备有效的数据集。

在实际的企业生产过程中，一般使用特定的工具来进行数据清洗。例如，使用 Excel 可以对数据进行一系列的转换操作。如果数据的规律性很强，数据量很大，那么还可以采用 Python 编程的方式来实现。数据清洗是占用数据分析师时间最长的工作任务，虽然此项工作的价值产出很低，同时也耗费了大量的时间，但是这个工作是必不可少的。在数据采集、数据存储和数据传输的过程中，有效提高数据的质量，保证数据的准确性，数据清洗工作的任务可以大幅度减少。而在这个过程中，数据采集的方式、方法以及自动化智能设备的使用是大幅度提高数据质量的关键手段。

要想在数据清洗环节节省人力资源，就需要在数据系统中加入数据的校验，并制定相关的数据规范，使数据在录入时就是规范的、高质量的。即使是一些用户端口的数据，在输入时也要加入校验工作，通过示例的方式提醒用户按照一定的规则来输入数据。数据清洗一般占数据分析师工作量的20%以上，而且数据质量越差，这个比例越高。其实提高数据清洗速度最有效的办法就是规范数据采集和数据记录，从源头把控数据质量。如果源头数据的质量不高，则数据清洗工作不仅会洗掉脏的数据，甚至有时还会洗掉某些有价值的数据，导致数据信息的丢失。

程序化方法是提高数据清洗工作效率的有效手段。面对的数据集比较大时，如果手工一个一个检查并清洗，则需要耗费大量的人工时间。可以对不规范、不完整或者不相关的数据进行分析，总结存在的规律性，然后用软件自动化完成数据的清洗。寻找数据的规律是用程序代替人工清洗的基础。即使是使用 Excel 进行数据清洗，使用透视表+映射表的方式会比使用手工查找+替换的方式快很多。

数据清洗工作另外一个非常重要的原则就是：给自己留下反悔的余地。清洗数据时尽量不要破坏原始数据。不能在原始数据集上直接修改，如果修改了某些有价值的数据，可能很难再找回来；如果发生了错误，结果是灾难性的。所以要先备份数据再清洗。例如，想要规范日期格式，可以在 Excel 中添加一列，保留之前的日期数据，为了美观，可以采取隐藏的方式，但是不能直接将其删除或者替换。这里特别要强调的是，在对数据进行清洗时，禁止使用查找+替换的方式，这种方式改变了原始数据，如果发生错误，而 Excel 的撤销功能又不能启用，即使保留了原始数据副本，可能之前的数据清洗工作也会白做。当数据量非常大时，在做任何有可能让数据集发生改变的操作之前都要做好数据备份工作。

举一个典型的例子，在输入一些关键信息时（如城市），如果用户在输入数据时不是通过下拉列表选择的，那么填写的信息肯定五花八门，虽然人工能够识别，但计算机不能识别。所以可以通过透视表功能将所有的城市进行统计汇总，然后人工识别后建立映射表，再把原始的地址映射回去，从而将地址字段中的城市名称标准化为一个唯一值，之后对数据以城市为单位进行统计汇总时，数据才会准确。也可以利用第三方工具进行数据清洗。这类工具一般都比较昂贵，所以要慎重选择，并且最好购买对方的服务。当数据清洗效果不佳时，要让对方的技术人员参与，制定更加符合自己的数据集的"字典"。目前国际上比较先进的第三方数据清洗工具对国内的企业来说都不太好用，这主要是由中文的词语结构问题导致的，大多数的数据清洗工具都是针对文本类和数字类数据的，中文的词语结构与西方各种语言的词语结构有着较大的差别，所以在数据清洗上有一定的局限性。购买软件公司的服务可以优化数据清洗的质量，如果企业的数据量达不到 TB 级别，就没有必要购买这样的服务。

1.4　数据分析

在进行数据分析之前，必须对数据有一个准确的认识。数据代表了事物不断变化过程中的数字化记录，即只有事物发生了变化才会有数据记录，有了数据，才能了解过去发生了什么，才能对这些现象进行分析，总结出一定的结论和规律，用来指导企业的生产活动。所以，数据分析的目的是为了对过去发生的现象进行评估和分析，并在这个基础上对未来事物的发生和发展做出预期分析处理，以此指导未来的一些关键性决策。

随着要分析和处理的数据量不断增长，数据处理、数据分析及数据挖掘技术也在快速进行迭代。其中可圈可点的主要是：分布式计算技术，如 Hadoop、Spark 及 Flink；微博、微信等兴起后的非结构化数据处理技术；随着传输能力的提高得到快速应用的云存储技术和云计算技术等。数据分析所研究的对象是数据。在数据分析的各个阶段，数据都是主要的关注对象，要分析处理的原材料都由数据构成。处理、分析数据后，最终可能会从中得到有用的信息，这些信息能够增加对研究对象，也就是产生原始数据的系统的理解，从而准确地帮助企业进行业务的决策。

1.4.1　数据分析的流程与方法

进行数据分析时，一般要遵循严格的流程，使用常用的方法。依据行业内的通识，数据分析过程可以用以下几步来描述：转换和处理原始数据、以可视化方式呈现数据，以及建模做预测。其中每一步所起的作用对后面几步而言都至关重要。数据分析可以概括为多个阶段组成的过程链：①问题定义。②数据获取。③数据清洗。④数据转换。⑤数据探索。⑥预测模型。⑦模型评估/测试。⑧结果可视化和阐释。⑨解决方案部署。

一般而言，采集原始数据前，数据分析过程就已经开始了。只有深入探究作为研究对象的系统后，才有可能准确定义问题，这一步无论是对于科研还是商业问题都很重要。问题定义步骤完成后，在分析数据前，首先要做的就是获取数据。数据的选取一定要本着创建预测模型的目的，数据选取对数据分析的成功起着至关重要的作用。所采集的样本数据必须尽可能地反映实际情况，也就是能够描述系统对来自现实刺激的反应。而在数据准备阶段关注的是数据获取、清洗和规范化处理，以及把数据转换为优化过的、准备好的形式（通常为表格形式），以便使用在规划阶段就确定的分析方法处理这些数据。探索数据本质上是指从图形或统计数字中搜寻数据，以发现数据中的模式、联系与关系。

1.4.2　Python 数据分析常用库

SciPy 是一组专门用于科学计算的开源 Python 库。其中的多个库将是本书很多章节的主角，掌握这些库对数据分析很重要。由这些库组成的工具集擅长处理数据计算和可视化。

NumPy 库的含义是 Numerical Python。Python 并没有提供数组功能，虽然列表可以完成基本的数组功能，但它不是真正的数组，而且在数据量较大时，使用列表的速度就会很慢。为此，NumPy 提供了真正的数组功能以及对数据进行快速处理的函数。NumPy 还是一个基础库，很多数据科学库（如 Pandas，scikit-learn 等）都依赖 NumPy 库。

Pandas 库提供了复杂的数据结构和函数，其目的是降低处理难度，提升速度和效率。它是 Python 进行数据分析的核心库，也是本书的主力工具。它是 Python 世界中最强大的数据分析和探索工具。其包含高级的数据结构和精巧的工具，使得在 Python 中处理数据非常快速、简单。Pandas 构建在 NumPy 之上，也使得以 NumPy 为中心的应用很容易使用。Pandas 的功能非常强大，支持对数据进行增、删、改、查，数据处理函数，时间序列分析功能，以及灵活处理缺失数据等。

Matplotlib 是目前绘制 2D 图像最常用的 Python 包。无论是数据挖掘还是数据建模，都有必要进行数据分析可视化，而 Matplotlib 是最著名的绘图库，其主要用于二维绘图和简单的三维绘图。这个库提供了一整套和 MATLAB 相似但更为丰富的命令，让使用者可以非常快捷地用 Python 进行数据可视化，而且能够输出达到出版质量的图像。

1.4.3　数据分析的结论

无论是做哪方面的数据分析，分析师最终都要形成一些结论，目的就是对数据所揭示的洞察进行总结。这是一个从定量分析到定性总结的过程，是形成洞察和智慧的路径。数据分析师一般都会将数据分析的结果写成数据分析报告，通过对数据全方位的数据分析来评估，为企业决策提供科学、严谨的依据，降低风险。当然，数据分析报告是整个分析过程的成果，是评定一个事件的定性结论。

在数据分析的过程中，重要的概念一定要非常清晰，充分理解这个概念的内涵和外延，必要时在数据旁边做好精确的备注，有利于与他人共同合作去解决问题。例如，从销售数据中看到去年年底销售额出现了一些下跌，而到了今年年初时销售额又大幅度上涨，那么就有可能存在"囤货"的现象。当产品价格处于快速上涨的时间段内，有存货的经销商就有可能或存在惜售行为，因为晚卖一天，得到的收益就会有明显的提升，这对经销商来说有强大的吸引力。在实际分析的过程中要充分考虑到一些复杂的商业因素，结合具体的公司业务情况去分析才能得到比较准确的结果。

分析的结论一定要少而精，不要太依赖主观的想法，一定要依赖真实的数据。而总结出的分析结论还要易懂、易读，用图表代替大量的数字会有助于人们更形象、更直观地看清楚问题和结论。当然，图表也不要太多，过多的图表一样会让人无所适从。

在阅读本章之后，相信读者已经对数据分析有了一个简单的认识，下面就一起来开启Python 数据分析之旅吧！

扫一扫观看串讲视频

第2章

环境安装

Python 是一门跨平台、高层次，结合了解释性、编译性、交动性和面向对象特性的脚本语言，具有简单、易上手的特性。

2.1 Python 简介

Python 是由 Guido van Rossum 在 20 世纪 80 年代末 90 年代初，在荷兰国家数学和计算机科学研究所研发的。现在 Python 由一个核心开发团队在维护，Guido van Rossum 仍然起着至关重要的作用，指导其进展。Python 2.7 被确定为最后一个 Python 2.x 版本，在 2020 年元旦便不再得到支持。本书中所用的 Python 版本为 Python 3.x，建议使用 Python 3.6 及以上版本。

在 TIOBE 编程语言排行榜中，Python 的排名不断上升，截止 2020 年初，Python 排名第三名（第一名为 Java，第二名为 C），并且从 2016 年开始，Python 开始取代 Java 成为高校中最受欢迎的语言，如图 2-1 所示。

May 2020	May 2019	Change	Programming Language	Ratings	Change
1	2	∧	C	17.07%	+2.82%
2	1	∨	Java	16.28%	+0.28%
3	4	∧	Python	9.12%	+1.29%
4	3	∨	C++	6.13%	-1.97%
5	6	∧	C#	4.29%	+0.30%
6	5	∨	Visual Basic	4.18%	-1.01%
7	7		JavaScript	2.68%	-0.01%
8	9	∧	PHP	2.49%	-0.00%
9	8	∨	SQL	2.09%	-0.47%
10	21	∧	R	1.85%	+0.90%

● 图 2-1 TIOBE 编程语言排行榜

数据分析为什么要用 Python？

（1）Python 处理数据的优势

大量的 Python 库可以为数据分析提供完整的工具集（Pandas、NumPy 和 Matplotlib 等），特别是 Pandas 在处理中型数据方面有着无与伦比的优势，正在成为各行业数据处理任务的首选库。

（2）Python 存储的优势

Python 可以方便地连接互联网以发送/提取数据，也能以几乎所有存储格式存取数据，包括文本文档、Excel、图片及各类 SQL 数据库。

（3）Python 和其他语言的结合

Python 可以方便地与其他语言进行对接，比如 C、Java 等。

（4）Python 免费开源的优点

Python 是免费开源的一门语言，封装库一直在增加，使得 Python 生态更优异。

2.2　Python 的常用 IDE

工欲善其事，必先利其器。Python 的 IDE 工具有很多，从中选出一个用着趁手并且合适的 IDE 是一项艰巨的任务，接下来从兼容性及优缺点等方面来介绍一下常用的 IDE。

1）PyCharm 是来自 JetBrains 公司的全功能 Python 开发环境。作为一个专业的 Python 集成开发环境，PyCharm 提供了两个版本，一个是专业版本，面向企业开发者，另一个是免费的社区版本。PyCharm 显示界面如图 2-2 所示。

●图 2-2　PyCharm 显示界面

兼容性：支持 Windows、macOS 和 Linux。

优点：PyCharm 支持 Web 开发框架，如 Django、Flask 和 Tornado 等，并且每个文件都有输出的窗口，还提供各种提示功能，如提示代码书写错误、Pep8 编码风格不正确等。

缺点：界面不太美观，并且专业版的成本较高。

2）Sublime Text 被认为是最好的 Python 编辑器。Sublime Text 轻便、简单，可用于不同的平台。Sublime Text 显示页面如 2-3 所示。

●图 2-3　Sublime Text 显示界面

兼容性：支持 Windows、macOS 和 Linux。

优点：界面简洁；轻便，直接把目录拖进环境中即可进行操作，支持多样化的代码编辑风格，有不同的体验；不仅支持 Python 还支持其他语言（这点对于新手不太友好，需要上网查阅资料进行设置）。

缺点：只有一个输出窗口，不能同时看到两个程序的运行结果；无法终止进程；不支持修改文件名自动全局替换功能；git 插件不是很强大。

3）Jupyter Notebook 是基于 Web 的编辑器，属于 Anaconda 体系。Jupyter Notebook 显示界面如图 2-4 所示。

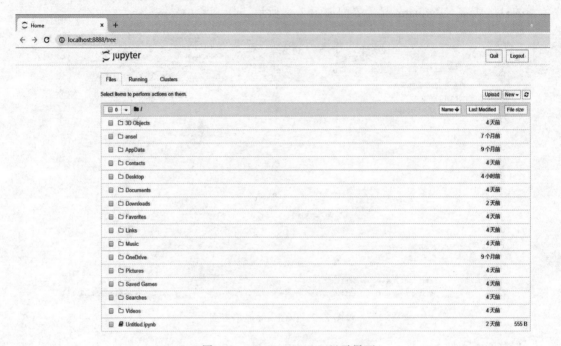

●图 2-4　Jupyter Notebook 显示界面

兼容性：支持 Windows、macOS 和 Linux。

优点：使用简单，上手容易；模块化的 Python IDE，可以把大段的 Python 代码碎片化，分为很多小段进行运行；适用于数据处理、分析、建模及观察结果等。

缺点：模块化的功能会破坏程序的整体性，不适合软件开发。

4）Visual Studio Code 是轻量、强大的代码编辑器，具有很多优秀的功能，被许多程序员称为最好的 IDE。Visual Studio Code 显示界面如图 2-5 所示。

兼容性：支持 Windows、macOS 和 Linux。

优点：免费；插件很多，占用内存低，可以通过安装插件来支持 Python、C++和 C#等多种语言。

缺点：不够稳定，启动速度不如 Sublime Text 快。

Python IDE 具有不同的优缺点，建议在初学 Python 时，尽量选择简单、易上手的 IDE。

●图 2-5 Visual Studio Code 显示界面

2.3 Anaconda

由上一节 IDE 的介绍中可知，Jupyter Notebook 因模块化以及简单、易上手的特性，完全胜过其他用作数据分析的 IDE 软件，而 Jupyter Notebook 属于 Anaconda 体系中的一员。

Anaconda 是一个开源的 Python 发行版，支持 Windows、macOS 和 Linux 系统，提供了包管理和环境管理的功能。Anaconda 的下载文件较大（大约在 500~600 MB）。Anaconda 已包含 NumPy、Pandas 和 Matplotlib 等第三方库，并且可以根据需求来创建不同的 Python 版本的环境。

2.3.1 Anaconda 安装包的获取

一般有两种方式获取 Anaconda 的安装包，如下所述。

1）官网直接下载，链接为 https://www.anaconda.com/distribution/（但是国内下载速度很慢）。

2）从清华大学开源软件镜像网站下载，链接为 https://mirrors.tuna.tsinghua.edu.cn/anaconda/archive/。

两种方式都可以根据用户的操作系统选择不同的 Anaconda 版本来进行下载安装，如图 2-6 所示。

●图 2-6 Anaconda 版本下载页面

建议使用清华大学开源软件镜像网站下载适合自己操作系统的软件，图 2-7 中几个选项下载的软件安装过程较稳定，出现问题的次数较少，如图 2-7 所示。

Anaconda3-2019.03-Linux-ppc64le.sh	314.5 MiB	2019-04-05 05:26
Anaconda3-2019.03-Linux-x86_64.sh	654.1 MiB	2019-04-05 05:26
Anaconda3-2019.03-MacOSX-x86_64.pkg	637.4 MiB	2019-04-05 05:27
Anaconda3-2019.03-MacOSX-x86_64.sh	541.6 MiB	2019-04-05 05:27
Anaconda3-2019.03-Windows-x86.exe	545.7 MiB	2019-04-05 05:29
Anaconda3-2019.03-Windows-x86_64.exe	661.7 MiB	2019-04-05 05:29

●图 2-7　Anaconda 不同系统下载软件

2.3.2　Anaconda 在不同系统中的安装

Windows 系统下 Anaconda 的安装文件以 .exe 结尾，文件大小为 500 ~ 600 MB，安装过程比较简单，需要注意以下问题。

1）安装过程中选择文件的安装路径，如图 2-8 所示。

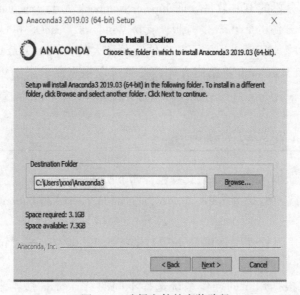

●图 2-8　选择文件的安装路径

2）上一步中的安装路径不建议修改，使用默认路径即可修改后可能导致环境不可用，需要手动配置环境变量。环境变量的配置路径如图 2-9 所示。

●图 2-9　配置 Anaconda 环境变量

3）记得勾选 Add Anaconda to my PATH environment variable 选项（添加 Anaconda 至我的环境变量）如图 2-10 所示。

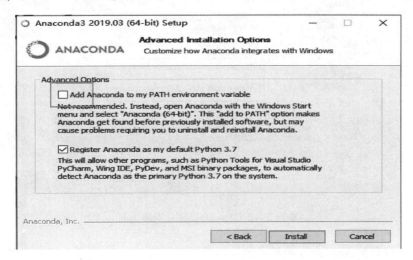

●图 2-10　勾选添加 Anaconda 到系统环境变量

4）单击"Install"按钮后，会进入安装过程，显示一个安装的进度条，进度条会因为计算机配置的不同而等待的时间不同，如图 2-11 所示。

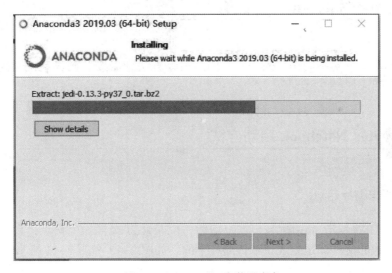

●图 2-11　Anaconda 安装进度条

5）最后一步就是安装完成，如图 2-12 所示。显示该对话框后就意味着安装已经成功，单击"Finish"按钮即可完成安装。

注意：

若不想了解更多 Anaconda 云和 Anaconda 支持，可以取消勾选"Learn more about Anaconda Cloud"和"Learn more about Anaconda Support"两个选项。

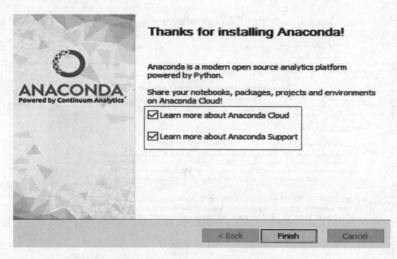

●图2-12　Anaconda 完成安装页面

macOS 系统安装 Anaconda 的过程比较简单，打开安装包直接默认安装，根据提示单击"下一步"按钮即可安装成功。

2.4　Jupyter Notebook 功能介绍

Jupyter Notebook 对不同操作系统有不同的启动方法，需按照操作系统及配置来选择相应的启动方法。

2.4.1　Jupyter Notebook 启动方法

1. 直接双击图标启动

Windows：直接双击 Jupyter Notebook 图标，但是此方式有一个缺点，会在默认路径下启动，所有创建的文件都是生成在默认路径下的，如图2-13和图2-14所示。

●图2-13　开始菜单栏搜索框查找 Jupyter Notebook

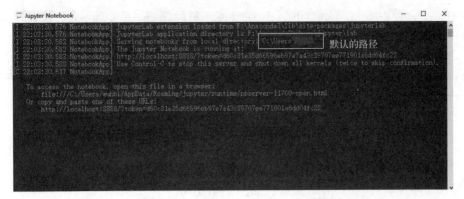

●图 2-14　Jupyter Notebook 弹出页面

macOS：双击 Anaconda-Navigator 图标启动应用程序，如图 2-15 所示。

在打开的窗口中选择 Jupyter Notebook 即可启动。

2. 从命令行启动

Windows 命令行启动方法如下。

1）按〈windows 按键+R〉组合键打开运行窗口。

2）在运行窗口中输入 cmd 命令打开命令行（DOS）窗口。

●图 2-15　Anaconda-Navigator 图标

3）使用 cd 命令进入目标路径，如 cd /d f:\Anaconda3。

4）直接找到目标文件夹，然后按〈Shift+鼠标右键〉，在弹出的菜单中选择"在此处打开 Powershell 窗口（s）"。

5）在出现的命令行窗口中输入 jupyter notebook 即可启动 Jupyter Notebook。

macOS：打开终端即 terminal，在终端中输入 jupyter notebook 即可启动，如果需要切换路径，同样是在终端中输入"cd 目标路径"跳转到目标路径后，再输入 jupyter notebook 即可

2.4.2　常用快捷键

Jupyter Notebook 中有两种键盘输入的模式。①编辑模式：允许向当前 Cell（单元）中输入代码或文本，此时 Cell 侧边是绿色，可以按〈Esc〉键切换到命令模式。②命令模式：键盘输入运行单元框的命令，此时 Cell 前面的侧边是蓝色的，可以按〈Enter〉键切换为编辑模式。

命令模式的快捷键。①〈Enter〉键：转入编辑模式。②〈Shift+Enter〉组合键：运行本单元，选中下个单元。③〈Ctrl+Enter〉组合键：运行本单元。④〈Alt+Enter〉组合键：运行本单元，在其下插入新单元。⑤〈Y〉键：单元转入代码状态。⑥〈M〉键：单元转入 markdown 状态。⑦〈R〉键：单元转入 raw 状态。⑧〈Shift+V〉组合键：粘贴到上方单元。

编辑模式的快捷键。①〈Tab〉键：代码补全或缩进。②〈Shift+Tab〉组合键：提示。

③〈Ctrl+]〉组合键：缩进。④〈Ctrl+［〉组合键：解除缩进。⑤〈Ctrl+A〉组合键：全选。⑥〈Ctrl+Z〉组合键：复原。

2.4.3 常用功能

1. 创建文件

在"Files"选项卡中单击"New"按钮弹出下拉菜单，在其中选择"Python3"选项，即可创建一个可编写代码的 ipynb 文件，如图 2-16 所示。

●图 2-16 单击"New"按钮弹出下拉菜单

该文件的初始文件名为 Untitled，如需修改文件名，可双击页面中的 Untitled 文件，会弹出一个"重命名"对话框，在"重命名"对话框中单击 Untitled 可以修改该文件的名称，如图 2-17 所示。

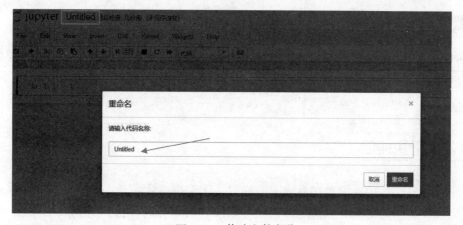

●图 2-17 修改文件名称

2. 菜单栏中常用的选项

"File"菜单中比较常用的是"Download as"，即将当前文件导出并另存为其他格式，默认是以 .ipynb 结尾的 Notebook 文件，常导出为以 .py 结尾的 Python 文件，如图 2-18 所示。

"Insert"菜单有两个选项，在当前 Cell 的上面插入和在当前 Cell 的后面插入，如图 2-19 所示。

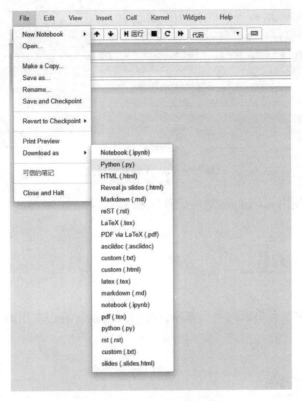

●图 2-18　导出文件格式

"Kernel"菜单下常用的几个选项如下，如图 2-20 所示。前 3 个选项介绍如下。

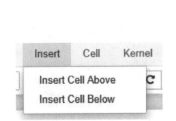

●图 2-19　insert 文件格式

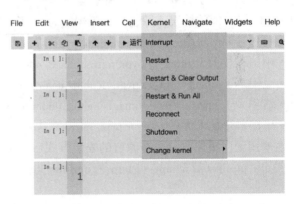

●图 2-20　查看 Kernel 选项

1）Interrupt：用来打断正在执行的程序。

2）Restart：可以在 Interrupt 执行没有效果时重启核心（Kernel）。

3）Restart&Clear Output：可以重启并清空原有运行结果。

快捷菜单栏和其他软件中的类似，不同之处如图 2-21 所示。

1）代码：即在 Cell 中输入的内容。

2）标记：做标记，写注释，说明性文字。

3）原生 NBConvert：内容会原样显示，在使用 NBConvert 转换后才会显示成特殊的格式。

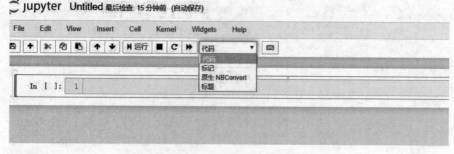

●图 2-21　代码显示格式

4）标题：可以使用 markdown 语法设置标题。

2.5　安装第三方库

如果 Anaconda 中没有集成的第三方库，就需要单独安装，常用的方式一般是 pip 网络安装和 pip 本地安装。

2.5.1　pip 网络安装

Python 自带一个安装第三方库的工具——pip。在计算机有网络连接的情况下，可以在命令行下输入"pip install 包名"来安装所需的包。pip 默认请求的是国外的服务器，可能出现 read time out 的错误，即连接服务器超时可以更换为国内的镜像服务器来进行安装。

- 阿里云 http：//mirrors. aliyun. com/pypi/simple/。
- 中国科技大学 https：//pypi. mirrors. ustc. edu. cn/simple/。
- 豆瓣（douban）http：//pypi. douban. com/simple/。
- 清华大学 https：//pypi. tuna. tsinghua. edu. cn/simple/。
- 中国科学技术大学 http：//pypi. mirrors. ustc. edu. cn/simple/。

在使用国内镜像时只要在原有的安装方式后面加上 -i 链接即可。

例如：pip install numpy -i http：//mirrors. aliyun. com/pypi/simple/。

2.5.2　pip 本地安装

如果计算机没有连网，或者特殊情况下无法使用 pip 网络安装时，需要下载这个第三方库的 . whl 文件以进行 pip 本地安装。安装方式与网络安装类似。

例如：pip install C：\Users\xxx\Desktop\pandas. whl。后面的路径就是该 . whl 文件在计算机中存放的路径。

whl 文件下载的网址为 https：//www. lfd. uci. edu/~gohlke/pythonlibs/。

扫一扫观看串讲视频

第 **3** 章

Python 基础知识

Python 语言是一种具有强大功能的面向对象、解释型编程语言。Python 具有免费开源、简单易懂，可扩展、简洁等特点。不仅适合初学者，也适合互联网开发人员使用。

Python 广泛应用于 Web 应用开发、数据分析与数学计算、系统网络运维、游戏开发及图形界面开发等。本章主要详解 Python 基础知识，为用户学习数据分析奠定基础。

3.1 输出和输入

本节将使用 Python 输出一段文本内容，包括字符串与数字。字符串就是由多个字符组成的一段字符，包括数字、字母和下画线。定义字符串时，可以使用单引号''和双引号""，使用 print() 函数在括号中加上字符串便可打印指定内容。

3.1.1 输出

Python 中的 print() 函数用于打印输出，是 Python 中的常用函数。print() 函数输出字符串可以使用双引号""或者单引号''，如以下代码所示。

```
print("字符串内容")
print('字符串内容')
```

用 Python 程序在屏幕上输出 hello，world!，如以下代码所示。

```
print("hello,world!")
```

运行结果如图 3-1 所示。

```
: 1 print("hello, world!")
hello, world!
```

●图 3-1 打印输出内容

print() 函数也可以连接多个字符串，当用逗号将其隔开时，就可以连成一串输出，遇到逗号会以空格进行间隔，如以下代码所示。

```
print('Python 数据分析', '必知必会')
```

运行结果如下。

```
Python 数据分析 必知必会
```

在 print() 函数中，多个字符串之间不会自动换行，可以加上 \n 使其自动换行，如以下代码所示。

```
print('Python 数据分析 \n', '必知必会')
```

运行结果如下。

```
Python 数据分析
必知必会
```

print() 函数不仅可以输出文字，还可以输出数字，或者对数字进行计算，如以下代码所示。

```
print(5)
print(200 + 300)
```

运行结果如下。

```
5
500
```

调整 200 + 300 的输出形式，如以下代码所示。

```
print('200 + 300 =',200 + 300)
```

运行结果如下。

```
200 + 300 = 500
```

因定义字符串时，可以使用单引号''和双引号""进行定义，所以'200 + 300 ='是字符串而非数学公式，而 200 + 300 是数学公式，Python 程序自动计算出结果 500。

3.1.2　输入

Python 提供 input( ) 函数让用户输入字符串，并存放在一个变量中。例如，在 Jupyter Notebook 代码输入框中输入 name = input( )，单击"运行"按钮后，程序弹出输入框，如以下代码所示。

```
name = input()
```

运行结果如图 3-2 所示。

●图 3-2　input( )函数输入框

此时 Jupyter 程序在等待输入，在输入框中输入"小张"并按下〈Enter〉键，完成输入，如以下代码所示。

```
name = input()
```

运行结果如下。

```
小张
```

程序没有提示用户要输入什么类型的值，此时的程序不能解决实际问题。需将输入与输出结合起来，如在 please enter your name：后面出现输入框提示输入内容，输入相应内容并按〈Enter〉键，如以下代码所示。

```
name = input('please enter your name:')
print(name,"welcome")
```

运行结果如下。

```
please enter your name:小张
小张 welcome
```

3.1.3　格式化输出

格式化输出用于把输入的内容放置在指定位置，打印成固定的格式输出。这时就需要使用占位符。

格式化输出使用逗号进行拼接，常见的占位符有:%s 表示字符串占位符;%d 表示数字占位符;%f 表示小数占位符。

示例 1：要求客户输入信息，打印成固定的格式输出，例如，要求用户输入用户名和年龄。普通打印只能把客户输入的名字和年龄输出到末尾，无法输出到指定的位置，而且数字也必须经过 str（数字）的转换才能与字符串进行拼接。

格式为："你的姓名是××，你的年龄是××" 使用占位符为 "你的姓名是%s，你的年龄是%d"。

运行结果如图 3-3 所示。

```
n [20]:   1  name = input("姓名: ")
          2  age = int (input ("年龄: "))
          3  print ("你的姓名是%s, 年龄是%d " %(name,age))
          4

姓名: 张三
年龄: 23
你的姓名是张三, 年龄是23
```

●图 3-3　格式化输出的结果

name 替换%s 的位置，age 替换%d 的位置，字符串后的%用来说明是哪些变量要替换前面的占位符。

示例 2：占位符还可以控制输出的格式，如保留几位小数，%.2f 即为保留两位小数，如以下代码所示。

```
print("小数:%.2f" % 3.789)
print("小数:%.2f" % 3.2)
```

运行结果如下。

```
小数: 3.79
小数: 3.20
```

%.2f 代表保留两位小数，不够两位默认使用 0 进行补充。

对于格式化输出，除了%的方法，还可以使用 format 函数。format（）功能更强大，不需要关注数据类型，把字符串当成一个模板，通过传入的参数进行格式化，并且使用大括号{}作为特殊字符代替%，如以下代码所示。

```
print('learning %s' % 'python')
print('learning {}'.format('python'))
```

运行结果如下。

```
learning python
learning python
```

format 基本格式：不带编号，即 "{}"；带数字编号可调换顺序，即 "{0}" "{1}"；带关键字，即 "{a}" "{tom}"。

不带编号的 format 示例，如以下代码所示。

```
print("{} {}".format("Hello", "World"))
```

运行结果如下。

```
Hello World
```

带关键字的 format 示例，如以下代码所示。

```
print("name:{name}, age: {age}".format(name="小张", age=18))
```

运行结果如下。

```
name:小张, age: 18
```

3.2　变量

变量是编程中重要且常用的元素。变量，通俗理解就是存储程序数据的容器，是计算机中存储信息的一部分内存，值可以发生变化，可以使用变量存储任何东西。变量名需要符合命名规范，由数字、字母和下画线构成且不以数字开头，不能用关键字命名变量名。

3.2.1　变量的定义

Python 中，变量在使用前需要进行赋值，赋值后，变量才会被创建。变量形式为：变量名 = 存储在变量中的值。

示例 1：小张应发工资 6600 元，养老保险 384 元，医疗保险 114.14 元，住房公积金 576 元，那么小张实际工资是多少？

定义符合命名规则的变量名，变量名和定义的内容具有相关含义。其中等号 "＝" 为赋值运算符，Wages_payable = 6600 就是指 Wages_payable 变量中保存的是数值 6600，如以下代码所示。

```
Wages_payable = 6600
pension = 384
Medical_insurance = 114.14
Housing_provident = 576
print(Wages_payable - pension - Medical_insurance - Housing_provident)
```

运行结果如下。

```
5525.86
```

示例2：定义小张的基本信息：年龄为19；性别为男，定义姓名、年龄和性别变量名并打印，如以下代码所示。

```
name = "小张"
print(name)
age = 19
print(age)
gender = "男"
print(gender)
```

运行结果如下。

```
小张
19
男
```

程序中创建新变量，计算机内存中有了以变量名存在的新储存空间。变量名在初次使用时为定义变量，变量名再次使用时并非定义变量，而是使用初次定义的变量。

3.2.2　命名规则

为了增强代码的可识别性与可读性，产生了变量的命名规则。变量名可以用所储存信息的英文含义来表示，如果变量名由两个或多个单词组成，可以按照下画线命名法和驼峰命名法进行命名。

下画线命名是变量命名最常用的方法。其用法是所有单词都使用小写字母，单词之间使用下画线进行分割，如以下代码所示。

```
my_name = '小张'
```

驼峰命名法又可分为小驼峰命名法和大驼峰命名法。小驼峰命名法是第一个单词首字母要小写，其他单词首字母都大写；大驼峰命名法是每个单词首字母都大写，如以下代码所示。

```
#小驼峰命名法
myName = '小张'
#大驼峰命名法
MyName = '小张'
```

3.2.3　变量类型

Python会根据变量存储的数据类型分配不同的内存，而变量类型和它所存储数据类型相同。标准的变量类型见表 3-1。

表 3-1　变量类型的创建与示例

变量类型	创建形式	实　例
int（整型）	变量名 = 数字（数字不带小数点）	age = 18 print(type(age))
float（浮点型）	变量名 = 数字（数字带小数点）	height = 1.75 print(type(height))
str（字符串）	变量名 = "字符串"	name = "小张" print(type(name))
list（列表）	列表名=［元素1,元素2,...］	list = ["a","b","c",123] print(type(list))
tuple（元组）	元组名=（元素1,元素2,...）	tuple = (1,2,3,4,'a') print(type(tuple))
set（集合）	集合名 ={元素1,元素2,...}	set = {1,2,3,4,(1,2,3,4)} print(type(set))
bool（布尔型）	True（真），False（假）	gender = True print(type(gender))

3.3　注释

Python 中为确保代码易于被其他用户理解，需要为代码添加注释。注释用来提示或解释代码的作用和功能。注释提升代码的可读性，在程序执行时会被 Python 解释器忽略，即注释部分的内容不会被执行，不会影响代码的执行。

1. 单行注释

单行注释用"#"表示，单行注释可以作为独立一行放在被解释代码之上，也可以放在语句或者表达式之后。使用"#"进行注释时，"#"右边的任何数据都会被忽略，如以下代码所示。

```
#这是单行注释
```

2. 多行注释

多行注释是指一次性注释多行内容。当注释内容过多，导致一行无法显示时，使用多行注释。

Python 中使用 3 个单引号或 3 个双引号表示多行注释，如以下代码所示。

```
'''
这是多行注释
这是多行注释
'''
```

注释是程序的组成部分，可以起到备注的作用，用来解释一个复杂的程序。在团队合作中，注释更容易帮助他人快速了解程序的用途。

并不是所有程序都需要添加注释，对于一目了然的程序代码，不需要添加注释。对于一行复杂的代码，可以在代码之后添加注释。对于一段复杂的代码，可以在操作开始前添加注释。

3.4　运算符

运算符用来对运算对象进行具体的运算。不同的运算符代表不同的运算，如加、减、乘、除。例如：5 + 6 = 11，5 和 6 为运算对象，"+"为运算符。

Python 语言支持以下类型的运算符：算术运算符、赋值运算符、比较运算符、逻辑运算符和复合赋值运算符等。

3.4.1　算术运算符

算术运算符是对运算对象进行算术运算的符号。Python 中常用的算术运算符见表 3-2。

表 3-2　算数运算符定义与详解

运 算 符	定 义	详 解
+	加	两数相加
–	减	两数相减，或负数
*	乘	两数相乘，或字符串重复多次
**	幂	返回 x 的 y 次幂
/	除	两数相除
//	向下取整除	两数相除，返回离商最近且小的整数。如果除数和被除数中有浮点数，返回的也是浮点数
%	模除	求余数

算数运算符加减乘除练习，如以下代码所示。

```
num_1 = 5
num_2 = 6
#加法练习
print(num_1 + num_2)
#减法练习
print( num_2 – num_1)
#乘法练习
print( num_2 * num_1)
#除法练习
print( num_2 /num_1)
#向下取余练习
print( num_2 //num_1)
#求余数
print(num_2 % num_1)
#整数幂次
print(num_1 ** num_2)
```

运行结果如下。

```
11
1
30
1.2
1
1
15625
```

3.4.2　赋值运算符

Python 赋值运算符用于变量的赋值和更新。主要包括简单的赋值运算符、加法赋值运算符、减法赋值运算符、乘法赋值运算符、除法赋值运算符、取整除赋值运算符、取余赋值运算符、指数赋值运算符。Python 中常用的赋值运算符见表 3-3。

表 3-3　赋值运算符定义与详解

运　算　符	定　　义	详　　解
=	简单的赋值运算符	w = x + y 将 x + y 的结果赋值给 w
+=	加法赋值运算符	w += x 等价于 w = w + x
-=	减法赋值运算符	w -= x 等价于 w = w - x
* =	乘法赋值运算符	w * = x 等价于 w = w * x
/=	除法赋值运算符	w /= x 等效于 w = w / x
%=	取余赋值运算符	w %= x 等效于 w = w % x
** =	指数赋值运算符	w ** = x 等效于 w = w ** x
//=	取整除赋值运算符	w //= x 等效于 w = w // x

赋值运算符练习，如以下代码所示。

```
#简单的赋值运算符
x = 21
w = 0
#加法赋值运算符
w += x
print(w)
#乘法赋值运算符
w *= x
print(w)
#减法法赋值运算符
```

```
w -= x
print(w)
#除法赋值运算符
w /= x
print(w)
#取余赋值运算符
w %= x
print(w)
#指数赋值运算符
w = 2; x = 3; w ** = x;
print(w)
#取整除赋值运算符
w //= x
print(w)
```

运行结果如下。

```
21
441
420
20.0
20.0
8
2
```

3.4.3 比较运算符

Python 中的比较运算主要用于比较两个运算对象之间的大小。Python 中常用的比较运算符见表 3-4。

表 3-4 比较运算符定义与详解

运 算 符	定 义	详 解
==	等于	用于比较两个对象是否相等
!=	不等于	用于比较两个对象是否不相等
>	大于	用于表示 x 是否大于 y
<	小于	用于表示 x 是否小于 y
>=	大于等于	用于表示 x 是否大于等于 y
<=	小于等于	用于表示 x 是否小于等于 y

比较运算符练习，其中 a = 10,b = 20，如以下代码所示。

```
a = 10
```

```
b = 20
print(a == b)
print(a<b)
print(a>b)
print(a>=b)
print(a<=b)
print(a!=b)
```

运行结果如下。

```
False
True
False
False
True
True
```

3.4.4 逻辑运算符

Python 中的逻辑运算符包括 and、not 和 or，用来表示事物之间的与、非和或关系。Python 中常用的逻辑运算符见表 3-5。

表 3-5 逻辑运算符定义与详解

运算符	定义	详　解
and	逻辑与	print(True and True) #True print(True and False) #False print(False and True) #False print(False and False) #False
not	逻辑非	print(not True) #False print(not False) #True
or	逻辑或	print(True or True) #True print(True or False) #True print(False or True) #True print(False or False) #False

3.5 结构语句

Python 结构语句有顺序结构语句、选择结构语句和循环结构语句 3 种。

顺序结构是 Python 脚本程序中的基础结构，顺序结构是按照程序语句出现的先后顺序依次执行；选择结构有单分支选择结构、多分支选择结构和多分支嵌套选择结构等，是通过判断某些特定的条件是否满足来决定程序语句的执行顺序；循环结构有两种结构，为 while 循环和 for 循环，是根据代码的逻辑条件来判断是否重复执行某段程序。

3.5.1　顺序结构语句

顺序结构语句指语句由上向下顺序执行。Python 会按照顺序先执行代码块 1，再执行代码块 2，最后执行代码块 3，执行逻辑如图 3-4 所示。

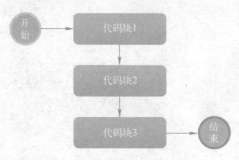

●图 3-4　顺序结构语句结构图

3.5.2　选择结构语句

选择结构语句也称为条件语句，可以用于解决根据不同的条件，返回不同的结果的问题。对需要判断的条件，做出"条件成立"或者"条件不成立"的判断。在程序中会应用布尔值 True 或者 False 来表示，并且根据 True 或者 False 执行对应的操作。

示例 1：市区网吧按照法律规定，根据身份证号和人脸识别技术判断客人是否年满 18 岁，若年满 18 岁，给客人反馈"可进入网吧"的信息。

1）if 表达式书写格式如下。

```
#语句结构
if 表达式:
  语句块
```

仅使用 if 语句，如以下代码所示。

```
import datetime
id = input('请输入您的身份证号:')
year = int(id[6:10])
if datetime.datetime.now().year - year >= 18:
  print("可进入网吧")
```

运行结果如图 3-5 所示。

导入时间模块，便于获取当前日期的年份。设置变量 id，用于存放 input( ) 函数动态输入的值。设置第二个变量 year 存放处理过后的变量 id。使用切片的方法，取 id 中的第 7～10 位字符，即为身份证号中的年份，关于切片的具体原理会在下一章具体介绍。

用 if 语句进行条件判断，如果当前年份和变量 year 的差大于等于 18，说明网吧的客人年满 18 岁，则返回"可进入网吧"的信息。

```
In [12]:   1  import datetime
           2  id = input('请输入您的身份证号:')
           3  year = int(id[6:10])
           4  if datetime.datetime.now().year - year >= 18:
           5      print("可进入网吧")
           6
```

请输入您的身份证号:3729221995********
可进入网吧

●图 3-5　if 判断验证是否成年

此程序只能对大于等于 18 岁的客户进行许可反馈，对小于 18 岁的客户却没有信息提醒。

2）if…else…表达式书写格式如下。

```
#语句结构
if 表达式:
   语句块
else:
   语句块
```

使用 if…else…语句，如以下代码所示。

```
#完善方式
import datetime
id = input('请输入您的身份证:')
year = int(id[6:10])
if datetime.datetime.now().year - year >= 18:
  print("可进入网吧")
else:
  print("很抱歉,您不允许进入网吧")
```

运行结果如图 3-6 所示。

```
]:   1  #完善方式
     2  import datetime
     3  id = input('请输入您的身份证:')
     4  year = int(id[6:10])
     5  if datetime.datetime.now().year - year >= 18:
     6      print("可进入网吧")
     7  else:
     8      print("很抱歉,您不允许进入网吧")
     9
```

请输入您的身份证:3729222005********
很抱歉,您不允许进入网吧

●图 3-6　if…else…判断验证是否成年

在 if 语句下加入 else 语句块，不满足当前年份和变量 year 的差大于等于 18 时，会返回"很抱歉，您不允许进入网吧。"的信息。无论是否能够进入网吧都可得到反馈，此选择语句程序逻辑流程如图 3-7 所示。

示例 2：为方便附近高中学生利用互联网收集学习材料，网吧准入年龄放宽至 16 岁，上网时间不得超过两小时，如何完善代码满足需求？

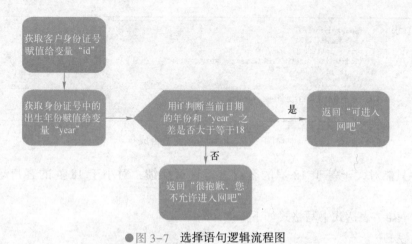

● 图 3-7 选择语句逻辑流程图

3）if…elif…else…表达式书写格式如下。

```
#语句结构
if 表达式:
  语句块
elif:
  语句块
else:
  语句块
```

新需求中加入准许16岁的客户进入网吧两小时的条件，需要先判断客户是否大于等于
18岁，不满足再判断是否大于等于16岁，不符合的不允许入内。

使用 if…elif…else…语句，如以下代码所示。

```
import datetime
id = input('请输入您的身份证:')
year = int(id[6:10])
if datetime.datetime.now().year - year >= 18:
  print("可进入网吧")
elif datetime.datetime.now().year - year >= 16:
  print("可上网 2 小时")
else:
  print("很抱歉,您不允许进入网吧")
```

运行结果如图 3-8 所示。

书写时注意必须按照顺序依次判断，如先判断是否大于等于 16 再判断是否大于等于
18，不符合逻辑规则。

示例 3：上网追踪快递通过输入快递单号码，系统自动判断所属快递公司。原理是通过
判断快递单号的特征判断所属的快递公司。

假如市面上只有 3 家物流公司：顺丰的快递单号以 SF 开头；中通的快递单号以 ZT 开头；
申通的快递单号以 ST 开头。输入快递单号为 ST123213，如何通过快递单号判断快递公司？

```
1    import datetime
2    id = input('请输入您的身份证:')
3    year = int(id[6:10])
4    if datetime.datetime.now().year - year >= 18:
5        print("可进入网吧")
6    elif datetime.datetime.now().year - year >= 16:
7        print("可上网2小时")
8    else:
9        print("很抱歉,您不允许进入网吧")
10
```

请输入您的身份证:3729222004123444
可上网2小时

●图 3-8　if…elif…else…判断验证是否可上网

使用选择结构语句判断快递单号是否符合以上某家物流公司,如以下代码所示。

```
#判断快递公司的代码
id = input("请输入运单号")
begin = id[0:2].upper()
#upper()是将字母转化成大写形式的方法,避免用户输入小写字母无法识别
if begin == "SF":
  print("顺丰")
elif begin == "ZT":
  print("中通")
elif begin == "ST":
print("申通")
else:
  print("您输入的快递单号有误,请重新输入")
```

运行结果如下。

请输入运单号:ST123213
申通

使用切片获取快递单号前两位字符串 ST, upper( )函数将字母转为大写,使用 if…elif…else…选择语句判断是否符合条件,具体逻辑如图 3-9 所示。

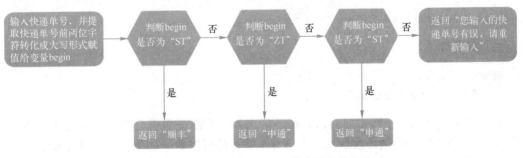

●图 3-9　判断快递单号是否符合某家物流公司

3.5.3　循环结构语句

循环结构语句指实现某一规律并且反复执行任务的语句块。循环结构语句使得整体代

码简洁明了，提高计算机效率的同时也节约了内存。

Python 循环的关键字为 for 和 while。

for 与 while 的区别：for 循环结构语句需要一个可迭代的对象才能进行循环，如数组或者结合 range( )方法；而 while 循环结构语句在循环之前，需要先进行条件判断，再进行循环。

Python 控制循环的关键字：continue、break 和 pass。continue 指循环中断，从头进行循环；break 指终止整个循环，执行下面循环外的语句；pass 表示不作任何处理只进行占位。

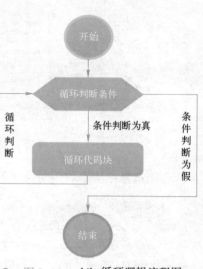

1. while 循环结构

Python 编程中，while 循环结构语句用于在满足某条件下，循环执行某段程序，进入循环后，当条件不满足时，跳出循环，如图 3-10 所示。

● 图3-10　while 循环逻辑流程图

while 循环结构语句书写格式如下。

```
while 判断条件:
    执行代码块
```

给定程序一个正整数，输出从 1 累加到这个正整数的和。比如输入 3，程序最后将输出 1+2+3 的结果 6，使用 while 循环结构语句实现累加。例如，输入一个正整数 100，如以下代码所示。

```
num = int(input("请输入一个正整数"))
sum = 0   #创建临时变量 sum,用于储存累加的值
i = 1     #创建循环变量
while i <= num:
    sum += i
    i += 1
print("从 1 累加到% d 的值为% d"% (num,sum))
```

运行结果如下。

```
请输入一个正整数:100
从 1 累加到 100 的值为 5050
```

定义两个变量用于存储累加的值和循环的次数，判断是否符合条件，符合条件则进入 while 循环，循环中判断循环次数是否小于等于输入的正整数，如果小于等于正整数，进行累加的同时循环次数加 1 并进入下一轮循环。直到循环的次数大于输入的正整数，循环结束，并输出最终结果。

示例：在 while 循环结构语句中使用 if 选择结构语句。

给定程序一个正整数，输出 0 到这个正整数之间的所有奇数。比如输入 3，输出 1、3。例如，输入一个正整数为 10，如以下代码所示。

```
num = int(input("请输入一个正整数"))
n = 0                           #创建循环变量
count = 0                       #创建统计变量,用于储存统计奇数的数量
while n <= num:
    if n % 2 == 1:
        print(n)
        count += 1
    else:
        pass
    n += 1
print("0到%d之间一共有%d个奇数"% (num,count))
```

运行结果如下。

```
请输入一个正整数10
1
3
5
7
9
0到10之间一共有5个奇数
```

定义两个变量分别用于统计循环次数和奇数的个数。进入while循环后，先判断是否循环次数大于等于输入的正整数，如果满足条件进入if判断，不满足条件进入else判断。

2. for循环结构语句

for循环是一种迭代循环，而while是条件循环。迭代的概念是一直重复相同的逻辑，每次的循环基于上一次循环的结果而进行，流程图如图3-11所示。

Python中可迭代对象包括字符串、序列和迭代器等。

for循环结构语句书写格式如下。

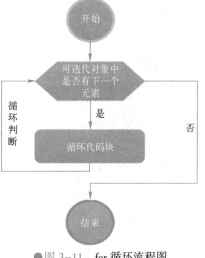

●图3-11　for循环流程图

```
for 迭代变量 in 可迭代对象:
    代码块
```

for循环结构语句遍历显示字符串，如以下代码所示。

```
for i in 'python':
    print(i) #用for循环结构语句遍历显示字符串
```

运行结果如下。

```
p
y
t
h
o
n
```

for 循环中设置了变量 i，在字符串 python 中依次循环打印，就会把 python 中的字符依次赋值给变量 i 并且打印下来，直到循环结束。

3. for 循环结构语句结合 range( ) 函数

Python 3 中的 range( ) 函数返回的是一个可迭代对象，可创建一个等差数列，如以下代码所示。

```
range(stop)
range(start,stop,[step])
```

range( ) 函数的参数如下。

1）stop：从 0 开始计数到 stop 结束，不包括 stop，比如 range(0,3) 返回 [0,1,2]。

2）start：从 start 开始计数到 stop 结束，不包括 stop，比如 range(2,6) 返回 [2,3,4,5]。

3）step：如果省略 step 参数，默认值步长为 1；如果 step 是正整数，则按 step 的步长依次递增，比如 range(2,6,2)，返回 [2,4]；如果 step 是负整数，则按 step 的步长依次递减，比如 range(6,1,-2)，返回 [6,4,2]。

for 循环取出 1~11 之间能被 3 整除的数，如以下代码所示。

```
for i in range(1,11):
  if i % 3 == 0:
     print(i)
  else:
     pass
```

运行结果如下。

```
3
6
9
```

循环体用 i 做变量遍历 range( ) 这个可迭代对象，会依次遍历 [1,2,…,10] 数列，每遍历一个数进行 if 选择结构语句判断，是否 i 除以 3 的余数为 0，如果满足条件则打印，不满足条件则不作任何处理，再进行下一次循环。

for 循环限制游戏账号只允许输错 3 次密码，输入正确终止循环，如以下代码所示。

```
count = 1
real_id = 'game'            #用户名
real_password = '123'       #用户密码
for i in range(4):
```

```
password = input("请输入 game 账户密码")
if count <= 3:
    if password == real_password:
        print("欢迎进入游戏")
        break           #终止循环
    else:
        print("用户名或者密码输入错误,您还有% d 次输入机会"% (3-count))
        count += 1
else:
    print("您的输入次数超过 3 次,账户% s 已被锁定"% (id))
```

运行结果如下。

```
请输入 game 账户密码:321
用户名或者密码输入错误,您还有 2 次输入机会
请输入 game 账户密码:222
用户名或者密码输入错误,您还有 1 次输入机会
请输入 game 账户密码:123
欢迎进入游戏
```

代码开头设置了变量 count,用来统计输入次数,最多循环 4 次,循环逻辑如图 3-12 所示。

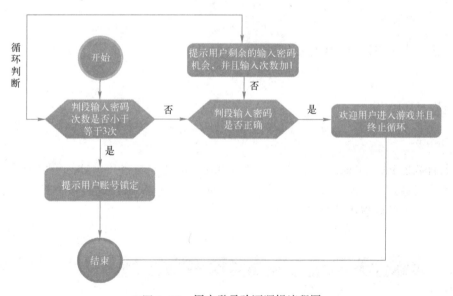

●图 3-12　用户登录验证逻辑流程图

3.5.4　结构语句中的特殊语句

Python 循环结构中,常使用 3 种语句,即 break、continue 和 pass 语句

1. break 语句

在 for 循环限制游戏账号只允许输错 3 次密码的案例中已经使用了 break 语句，break 语句起到了终止循环的作用，break 之后任何对应循环的代码块都不执行。

2. continue 语句

continue 语句用于告诉程序跳过循环代码块中后面剩余的语句，直接进入下一轮循环。例如，输入 1~10 的数，但跳过 2，如以下代码所示。

```
for i in range(5):
  if i == 2:
      continue
  else:
      print(i)
```

运行结果如下。

```
0
1
3
4
```

3. pass 语句

pass 语句表示空语句，不作任何事情，一般作为占位语句。

3.6　数据类型

数据有数值 int 与 fload、字符串 str、列表 list、元组 tuple 和字典 dict 等多种类型。不同的数据类型可通过内置函数进行数据类型之间的转换，这些函数返回一个新的对象来表示转换的值，常见的内置函数见表 3-6。

表 3-6　内置函数使用方法

内 置 函 数	描述
int(x)	将 x 转换为一个整数
long(x)	将 x 转换为一个长整数
float(x)	将 x 转换到一个浮点数
str(x)	将 x 转换为字符串
eval(str)	用来计算在字符串中的有效 Python 表达式，并返回一个对象
tuple(s)	将 s 转换为一个元组

（续）

内 置 函 数	描述
list(s)	将 s 转换为一个列表
upper(s)	把 s 改为大写
chr(x)	将一个整数转换为一个字符

3.6.1 数值和字符串

字符串是 Python 中常用的数据类型，使用引号 ' 或 " 来创建字符串。创建字符串很简单，只要为变量分配一个值即可，例如，name = "张三"。

字符串为 str 类型，如果是数值型字符串，可以使用 type( ) 函数进行数据类型的判断，int 转换字母或汉字字符串会直接报 ValueError 错误。int 数值和 float 数值可互相转换，如以下代码所示。

```python
num = "10086"
# 使用 type()函数查看 num 的数据类型
print("数据类型为:",type(num),"值为:",num)
# 转换成 int 类型同时查看数据类型
print("数据类型为:",type(int(num)),"值为:",num)
# 转换成 int 类型,并查看数据类型
nums = int(num)
print("数据类型为:",type(nums),"值为:",nums)
# 将数值转换为 float 类型
print("数据类型为:",float(nums),"值为:",nums)
```

运行结果如下。

```
数据类型为:<class 'str'> 值为:10086
数据类型为:<class 'int'> 值为:10086
数据类型为:<class 'int'> 值为:10086
数据类型为:10086.0 值为:10086
```

3.6.2 列表

列表是一个可变的序列，序列中的每个元素都会分配一个以 0 开始依次递增的数字来表示该元素的位置，这个数字被称为索引。

1. 新建列表

列表由中括号为容器，每个元素之间用逗号间隔，如以下代码所示。

```python
#新建一个列表:
```

```
alist = [1,"nihao","hello","你好"]
print(alist)
```

运行结果如下。

```
[1, 'nihao', 'hello', '你好']
```

2. 列表推导式

列表推导式为两种类型：[表达式 for 变量 in 列表] 或 [表达式 for 变量 in 列表 if 条件]，如以下代码所示。

```
li = [1,2,3,4,5,6,7,8]
print [x * *2 for x in li]
```

运行结果如下。

```
[1, 4, 9, 16, 25, 36, 49, 64]
```

3. 列表索引

列表中所有元素都有编号，编号从 0 开始正向递增；列表中第一个元素编号为 0，第二个元素编号为 1，以此类推。如果需要从后往前索引元素，那么最后一个元素索引为−1，倒数第二个元素的索引为−2，如以下代码所示。

```
alist = [1,"nihao","hello","你好"]
#取出 alist 中的第一个元素 1
print(alist[0])
#取出 alist 中的最后一个元素"你好"
print(alist[-1])
#取出 alist 中的第三个元素"hello"
print(alist[2])
```

运行结果如下。

```
1
你好
hello
```

4. 列表的切片

索引可以访问单个元素，切片可以访问多个元素。使用两个索引值，并用冒号分隔，切片会得出起始位置到结束位置之前的元素，即左闭右开，如以下代码所示。

```
#新建一个列表 blist
blist = [1,2,3,4,5,6,7,8,9,10]
# 取出 blist 中前 3 个元素[1,2,3]
print(blist[0:3])
```

```
# 取出 blist 中后 3 个元素[8,9,10]
print(blist[7:10])
# 添加步长参数,按步长为 2,取出 blist 中前 4 个元素[1,3]
print(blist[0:4:2])
# 小应用:提取域名
wangzhi = input("请输入网址")
# 输入 http://www.xiaokeai.com,截取域名
yuming = wangzhi[11:-4]
print(yuming)
```

运行结果如下。

```
[1, 2, 3]
[8, 9, 10]
[1, 3]
请输入网址 http://www.xiaokeai.com
xiaokeai
```

5. 列表的运算

列表可执行加、减、乘、除运算,如以下代码所示。

```
print([1,3,4]+[4,6,7])
print([1,3,4]*4)
```

运行结果如下。

```
[1, 3, 4, 4, 6, 7]
[1, 3, 4, 1, 3, 4, 1, 3, 4, 1, 3, 4]
```

列表成员资格:用 in 判断元素是否在列表中,若在列表中返回 True,不在列表中返回 False,如以下代码所示。

```
#判断输入的内容是否存在
users = ["王二麻子","李大嘴","赵四","大墩子"]        #简历列表 users
user_name = input("请输入你的名字:")                #输入
user_name in users
```

运行结果如图 3-13 所示。

```
请输入你的名字:赵四

[15]: True
```

●图 3-13 判断元素是否存在列表中

Python 中列表的常用方法有:①append():将一个对象附加到列表结尾。②insert():将一个对象插入到列表中的指定位置。③extend():将多个值添加进列表末尾。④copy():复制列表。⑤count():计算出指定的元素在列表中出现了多少次。⑥index():查找指定值

第一次出现的索引。⑦pop( )：从列表中删除末尾元素，并返回这一元素。⑧remove( )：删除第一个为指定值的元素。⑨clear( )：清空列表内容。⑩del( )：删除列表中元素（del 语句不属于方法）。⑪sort( )：对原列表进行排序。具体示例如以下代码所示。

示例 1：使用 append( )、insert( )和 extend( )函数插入新元素，如以下代码所示。

```
lst = [3,7,32,8,13,34]          #创建新列表 lst
lst.append(3)                    #添加新元素 3
print(lst)
tst = [3,7,32,8,13,34]          #创建新列表 tst
tst.insert(3,"hello")           #插入新元素,使新元素的索引为 3
print(tst)
ist = [3,7,32,8,13,34]          #创建新列表 ist
a = [1,3,4]                      #创建新列表 a
ist.extend(a)
print(ist)
#extend 添加与加法(ist+a)的主要区别是:extend 改变了 ist 的内容,而加法没有改变 ist
```

运行结果如下。

```
[3, 7, 32, 8, 13, 34, 3]
[3, 7, 32, 'hello', 8, 13, 34]
[3, 7, 32, 8, 13, 34, 1, 3, 4]
```

示例 2：使用 copy( )函数复制，count( )函数计数，如以下代码所示。

```
a = [1,2,3]                      #创建新列表 a
b = a.copy()                     #将 a 复制给 b
print(b)                         #输出结果
b[1] = 4                         #改变 b 中的元素
print(a,b)                       #a 不会被改变
k = ["two","to","san","two",["two","two"]]   #新建列表 k
print(k.count("two"))            #统计 k 中"two"的个数
print(k.index("to"))             #返回 to 第一次出现的索引值
```

运行结果如下。

```
[1, 2, 3]
[1, 2, 3] [1, 4, 3]
2
1
```

示例 3：使用 pop( )函数、remove( )函数、clear( )函数和 del( )函数进行清除、删除操作，如以下代码所示。

```
x = [1,2,3]                      #创建新列表 x
x.pop()                          #删除了最后一个元素,并返回 3
print(x)
```

```
y = [4,65,86,4,56,5]          #创建新列表 y
y.remove(4)                   #删除列表中第一个 4
print(y)
j = [5,432,5425.6,51]         #创建新列表 j
j.clear()                     #清除列表
print(j)
l = ["to","be","am","is","are"] #创建新列表 l
del l[2]                      #删除 l 中索引为 2 的元素
print(l)
```

运行结果如下。

```
[1, 2]
[65, 86, 4, 56, 5]
[]
['to', 'be', 'is', 'are']
```

sort()函数对列表进行排序，默认为从小到大排序，或者按字母顺序排序。调整参数可以调整排序方式，如以下代码所示。

```
h = [32,54,6,8,2,543,6576,243]
h.sort()
print(h)
h.sort(reverse=False)         #调整 sort 中 reverse 参数为 False 可以倒序排序
h.reverse()
print(h)
y = ["p","y","t","h","o","n"]
y.sort()
print(y)                      #按字母先后顺序
name = ["dhjak ","jkl","dsafd","dasjkdal"]
name.sort(key=len)            #调整 sort 的 key 参数,可以实现按文本长度排序
print(name)
```

运行结果如下。

```
[2, 6, 8, 32, 54, 243, 543, 6576]
[6576, 543, 243, 54, 32, 8, 6, 2]
['h', 'n', 'o', 'p', 't', 'y']
['jkl', 'dsafd', 'dhjak ', 'dasjkdal']
```

3.6.3 元组

Python 中元组是以小括号形式体现的数据集，不同元素之间用逗号隔开。如果元组中只有 1 个元素，该元素后必须加逗号，如 one_tuple=(1,)。元组许多功能与列表相似，区

别是元组的长度不可以修改，属于固定长度，支持嵌套。

元组的基本操作如以下代码所示。

```
tup = ('a','b','123','hello')        #创建元组 tup
print(tup[1])                        #打印元组 tup 中的值
del tup                              #删除元组 tup
```

运行结果如下。

```
b
```

如果元组中的索引包含列表，其中列表中的值可以进行修改操作，如以下代码所示。

```
#把元组中列表的第二个元素"2"替换成 w
a = (123,"中国","你好",[1,"2"],(1,2,3,))
a[3][1] = "w"
print(a)
a[3][1] = a[3][1].upper() #把"w"改为大写
print(a)
#在"W"后面增加"ok"
a[3].append('ok')
print(a)
# 使用 pop 删除下标为 0 的元素
a[3].pop(0)
print(a)
```

运行结果如下。

```
(123, '中国', '你好', [1, 'w'], (1, 2, 3))
(123, '中国', '你好', [1, 'W'], (1, 2, 3))
(123, '中国', '你好', [1, 'W', 'ok'], (1, 2, 3))
(123, '中国', '你好', ['W', 'ok'], (1, 2, 3))
```

通过下标开始取值，元组中的列表也可以执行增删改操作。元组可以和列表互相转换类型，如以下代码所示。

```
lists = [1,2,(3,2),{"keys":"values"}]
# 使用 tuple()函数把列表转换为元组
tuples = tuple(lists)
print("数据类型:",type(tuples),"转换结果为:",tuples)
# 使用 list()函数把元组转换为列表
print("数据类型:",type(list(tuples)),"转换结果为:",list(tuples))
```

运行结果如下。

```
数据类型:<class 'tuple'> 转换结果为:(1, 2, (3, 2), {'keys': 'values'})
数据类型:<class 'list'> 转换结果为:[1, 2, (3, 2), {'keys': 'values'}]
```

3.6.4 字典

字典由｛｝、键和值组成，键和值之间用 ":" 相连。每个键值对之间用 "," 相隔；字典是一种无序的映射的集合。字典包含若干个键值对；其中字典中的键通常采用字符串，但也可以用数字、元组等类型；字典值则可以是任意类型。

学员名单包括学员的姓名及性别，可以根据学员的姓名查询性别，例如，查询 "sun" 同学的姓名，如以下代码所示。

```python
# name 学生姓名,gender 学生性别
name = ["zhao","qian","sun","li","zhou","wu","zheng","wang"]
gender = ["F","M","F","F","M","F","M","M"]
print(gender[name.index("sun")])
#以上代码使用字典通过键获取性别
xueyuan = {"zhao":'F',"qian":'M',"sun":'F',"li":'F',"zhou":'M',"wu":'F',"zheng":'M',"wang":'M'}
print(xueyuan["sun"])
```

运行结果如下。

```
F
F
```

在建立字典容器时，常用的操作如下。

- len(dict)：返回 dict 字典中包含的项（键值对）个数。
- dict[a]：返回与键 a 相关联的值。
- dict[b] = value：将 b 值关联到 key2。
- del dict[c]：删除 c 的项。
- e in d：检查字典 d 是否包含键为 e 的项。
- pop()：从字典中删除并返回映射值。
- popitem()：从字典中删除并返回键值对元组。
- clear()：删除字典内的全部对象。
- copy()：复制字典对象。
- get(key[,default])：返回 key 键映射的值。
- setdefault(key[,default])：返回映射值或者添加键值对。
- upgrade()：为字典添加键值对，若存在同名的键，则映射值被覆盖。
- items()：返回键值对视图。
- keys()：返回字典中所有键的视图。
- values()：返回字典中所有值的视图。

查看字典中键对应的值，检查字典中是否包含某个键，如以下代码所示。

```python
dict1 = {"name":"zhang","age":10}       #创建字典
print(len(dict1))                       #用函数 len() 求出字典 dict1 的键值对个数
```

```
print(dict1["name"])              #通过"[键]"可以查出该键所对应的的值
dict1["age"]=12                   #更改 age 所对应的值
print(dict1)
del dict1["age"]                  #删除"name"项
print(dict1)
"name" in dict1                   #检查字典 dict1 中是否包含"name"项
```

运行结果如图 3-14 所示。

```
          2
          zhang
          {'name': 'zhang', 'age': 12}
          {'name': 'zhang'}

Out[26]:  True
```

●图 3-14　字典常用基本操作

使用 pop( )函数、popitem( )函数和 clear( )函数进行删除操作，如以下代码所示。

```
d1 = {"a":1,"b":2,"c":3}          #创建字典 d1
d1.pop("a")                       #删除键为 a 的键值对,并且返回值 1
print(d1)
d1.popitem()                      #随机的删除 d1 中某一对键值对,并返回键值对元组。因为字典是
无序的,不能确定每次删除哪一项键值对。如果本身字典为空,在执行该语句会报错
d1.clear()                        #清除字典内全部对象
print(d1)
```

运行结果如下。

```
{'b':2,'c':3}
{}
```

使用 copy( )函数复制字典对象，如以下代码所示。

```
x = {"name":"张三","age":"9"}      #创建一个字典
y = x                             #直接复制时,x 和 y 引用同一个字典
print(x,y)
y["name"]="李四"                   #将 y 中键"name"的值改为"李四"
print(x)                          #x 也跟随改变
#可以用方法 copy()解决这个问题
y = x.copy()                      #y 引用复制字典
y["name"] = "王五"                 #将 y 中键"name"的值改为"王五"
print(y,x)                        #x 不变
```

运行结果如下。

```
{'name':'张三','age':'9'} {'name':'张三','age':'9'}
{'name':'李四','age':'9'}
{'name':'王五','age':'9'} {'name':'李四','age':'9'}
```

使用 get(key[,default]) 返回 key 键映射的值。如果 key 不存在，返回空值。可以用 default 参数指定不存在的键的返回值，如以下代码所示。

```
x = {"name":"张三","age":"9"}        #创建一个字典
x.get("name")
#返回键"name"对应值"张三'
print(x.get("name"))
# 返回字典中不存在的键则打印 None
print(x.get("gender"))
# None 替换成其他的值,例如 none
print(x.get("gender","none"))
```

运行结果如下。

```
张三
None
none
```

使用 setdefault(key[,default]) 方法返回映射值或者添加键值对。upgrade() 为字典添加键值对，若字典已存在同名的键，则映射值被覆盖，如以下代码所示。

```
x = {"name":"张三","age":"9"}        #创建一个字典
x.setdefault("name")
x.setdefault("gender")          #添加新键值对
print(x)
x.setdefault('phone ','123 ')     #添加新键值对
print(x)
```

运行结果如下。

```
{'name ':'张三','age ':'9 '}
```

使用 items() 返回键值对视图；keys() 返回字典中所有键的视图；values() 返回字典中所有值的视图，如以下代码所示。

```
x = {'name ':'张三','age ':'9 ','gender ':None,'phone ':'123 '} #创建一个字典
print(x.items())
print(x.keys())
print(x.values())
```

运行结果如下。

```
dict_items([('name ','张三'), ('age ','9')('gender',None),('phone','123')])
dict_keys(['name', 'age','gender',phone])
dict_values(['张三','9')
```

3.7　函数

函数就是把具有独立功能的代码块组织成为一个小模块，在需要的时候再进行调用。在程序中多次执行同一项任务代码时，用户无须重复编写完成此任务的代码，只需调用此任务定义的函数，让 Python 运行函数中代码即可。通过使用函数，程序的编写、阅读、测试和修复都更容易。Python 开发中，使用函数可以提高编写的效率及代码的重用率。

3.7.1　函数的定义

函数必须先创建才可以使用，该过程称为函数定义，使用过程称为函数调用。函数名称可使用数字、字母、下画线和汉字（python 2 版本不可使用）进行命名，且不能以数字开头，不建议使用特殊关键字，如 while、elif，函数名称最好能体现函数实现的功能，调用函数不需要 print 打印。

定义函数书写格式如下。

```
def 函数名():
    函数体
函数名()  #调用函数
```

实现一个简单的函数定义及调用，如以下代码所示。

```
# 此处 print_Info() 实现定义函数的功能,def 是 define
def print_Info():
    print("人生苦短,我用 Python")
# 此处 print_Info () 实现调用函数的功能
print_Info ()
```

运行结果如下。

```
人生苦短,我用 python
```

定义一个函数，不进行函数调用无法执行函数内的代码块。

3.7.2　函数的参数

Python 的函数不但可以正常定义必选参数，还可以使用默认参数、可变参数和关键字参数等，使得函数定义出来的接口能处理复杂的参数，简化调用者的代码。

1. 定义形参调用实参

定义函数指封装独立的功能，调用函数指享受封装的成果。
参数定义的书写格式如下。

```
#定义参数
def 函数名(形参1,形参2):
    函数体
#调用参数 函数名()即可完成调用
函数名(实参1,实参2)
```

定义函数,返回参数乘积的结果,如以下代码所示。

```
def  func_name(a,b):
  sum = a * b
  return "sum 值为",sum
func_name(2,4)
```

运行结果如下。

```
('sum 值为', 8)
```

定义函数时函数名称应该能够表达函数封装代码的功能,以方便后续的调用,而且必须符合命名规则。调用函数很简单,通过函数名()即可完成调用,简称定形调实。

2. 位置参数

位置参数是必填参数,定义位置参数必须要满足传参个数值,不能只传一部分参数值,需要传全部参数,必须按照定义的参数类型传参。

定义形参,调用实参的书写格式如下。

```
def 函数名(位置参数):
    函数体
    return 返回值
函数名(位置参数值)
```

位置参数示例,如以下代码所示。

```
def power(x):
  return x + 2
```

对于 power(x) 函数,参数 x 就是一个位置参数。当调用 power() 函数时,必须传入有且仅有的一个参数 x,如以下代码所示。

```
power(5)
```

运行结果如下。

```
7
```

计算任意 x 值的 n 次方时,不可能定义多个函数来达到计算的目的,可以尝试定义多个参数,例如,将上面的函数修改为 power(x, n),用来计算 x^n,如以下代码所示。

```
def  power(x, n):
  s = 1
```

```
   while n > 0:
      n = n - 1
      s = s * x
   return s
```

对于这个修改后的 power(x, n) 函数，可以计算任意 x 值 的 n 次方，如以下代码所示。

```
power(2,3)
```

运行结果如下。

```
8
```

修改后的 power(x, n) 函数有两个参数 x 和 n，这两个参数都是位置参数，调用函数时，传入的两个值按照位置顺序依次赋给参数 x 和 n。

3. 默认参数

默认参数就是指给形参定义一个默认值。如果定义了两个形参 x 和 y，但调用函数时仅传一个实参 5 给参数 x，参数 y 为空，会明确提示 TypeError 类型错误。通过定义默认参数可以把第二个参数 y 设定为一个默认值，例如，y=6，就是指 y 的默认值为 6。

用户在调用参数的位置传入 y 参数值，无论调用实参 y 值小于还是大于定义形参值，实参优先级都大于形参，如以下代码所示。

```
def   power(x, y=2): #在定义参数时直接进行变量赋值操作 y = 2
   return x
power(5)
```

运行结果如下。

```
(5,2)
```

定义参数时，必选参数在前，默认参数在后。如果发生位置颠倒，会提示 SyntaxError 语法错误。

默认参数降低了函数调用的难度，而一旦需要更复杂的调用时，可以传递更多的参数来实现。无论是简单调用还是复杂调用，函数只需要定义一次。

示例 1：编写学生登录信息注册的函数，需要传入 name 和 sex 两个参数，如以下代码所示。

```
# name :名称 , sex: 性别
def student(name, sex):
   print('name:', name)
   print('sex:', sex)
```

调用 student( ) 函数需要传入两个参数，如以下代码所示。

```
student('Ann','girl')
```

运行结果如下。

```
name: Ann
sex: girl
```

继续传入年龄、城市等信息，这样会使得调用函数的复杂度大大增加。可以把年龄和城市设为默认参数，如以下代码所示。

```
def student(name, sex, age = 6, city = 'Beijing'):
    print('name:', name)
    print('sex:', sex)
    print('age:', age)
    print('city:', city)
```

这样大多数学生注册时不需要提供年龄和城市，只提供必需的两个参数，如以下代码所示。

```
student('Ann', 'girl')
```

运行结果如下。

```
name: Ann
sex: girl
age: 6
city: Beijing
```

与默认参数 age = 6，city = 'Beijing' 不同的学生再提供额外的数据，如以下代码所示。

```
student('Bob', 'boy', 7)
student('Adam', 'girl', city = 'Tianjin')
```

运行结果如下。

```
name: Bob
sex: boy
age: 7
city: Beijing
name: Adam
sex: girl
age: 6
city: Tianjin
```

默认参数节约了调用重复函数的时间，降低了函数调用的复杂性。使用默认参数时，默认参数建议为不可变类型，可变对象会造成值的修改。

示例2：定义一个函数，传入一个 parm，添加一个 None 再返回，如以下代码所示。

```
def test_end(parm = []):
    list.append('None')
    return list
```

正常调用时，结果正确，如以下代码所示。

```
test_end(['x','y','z'])
```

运行结果如下。

```
['x','y','z','None']
```

使用默认参数调用时，结果有误，如以下代码所示。

```
test_end()
```

运行结果如下。

```
['None']
```

多次调用 test_end( )函数时，每调用一次，列表就会增加一个值 None。

Python 函数在定义时，默认参数 parm 的值为空列表[ ]，因为默认参数 parm 也是变量，指向对象[ ]，每次调用该函数。如果改变了默认参数 parm 的值，那么下次调用时结果也会发生改变，所以定义默认参数必须要指向不变对象。

定义不变对象修改 test_end( )函数，如以下代码所示。

```
#注意:None 为关键字,if 判断是指默认参数值是否为空
def test_end(parm=None):
    if list is None:
        list = []
    list.append('None')
    return list
test_end()
```

运行结果如下。

```
['None']
```

为了减少在执行某些操作时导致数据被修改，对象创建后，对象内部的数据不能修改，所以在实际工作需求中，最好使用不可变对象来提高代码的可执行性。

4. 可变参数

顾名思义，可变参数就是传入的参数个数是可变的，可以是 0 个、1 个，也可以是任意个。当不确定参数个数时，可变参数可以传入一个 list 或者 tuple。

可变函数的书写格式如下。

```
def 函数名(*可变参数):
    函数体
函数名(0,1,…任意个参数)
```

当定义函数时，如果有多个参数，使用 list、tuple 传参更方便，如以下代码所示。

```
def func_test(num):
    sum = 0
```

```
    for i in num:
        sum += i
    return sum
func_test([1,2,3,4])
func_test((1,2,3,4,))
```

运行结果如下。

```
10
```

代码程序中，最少的代码实现最多的功能才是精湛之处，所以使用可变参数来简化代码，如以下代码所示。

```
def func_test(*args):          #参数 num 改为 *args
    print(type(args))          #传入元素打包成 tuple
    sum = 0
    for i in args:
        sum += i
    return sum
func_test(1,2,3,4)             #参数值 [1,2,3,4]或(1,2,3,4,) 改为 1,2,3,4
```

运行结果如图 3-15 所示。

```
<class 'tuple'>
Out[45]: 10
```

●图 3-15　可变参数精简代码-1

如果已经存在一个 list 或者 tuple，修改代码，如以下代码所示。

```
def func_test(*args):
    print(type(args))
    sum = 0
    for i in args:
        sum += i
    return sum
num = [1, 2, 3]
func_test(num[0], num[1], num[2])
```

运行结果如图 3-16 所示。

```
<class 'tuple'>
Out[49]: 6
```

●图 3-16　可变参数精简代码-2

此方法的步骤太过烦琐，可利用 Python 特性，在 list 或 tuple 前面加一个 "＊"号把 list 或 tuple 的元素变成可变参数传进去。

```
func_test(*num)
```

运行结果如图 3-17 所示。

```
        <class 'tuple'>
Out[49]: 6
```

●图 3-17　可变参数精简代码-3

定义可变参数和定义一个 list 或 tuple 参数的区别是，仅在参数前面加了一个 "＊"号。函数接收到的是一个 tuple 元组类型，函数代码完全不变。调用该函数时，可以传入任意个参数，大大提高了编写代码的效率，使代码更简洁，更易修改。

5. 关键字参数

关键字参数，函数的调用者可以传入 0 或任意个的关键字参数。关键字参数（＊＊kwargs）被打包成一个 dict，需要传入键值对，用到关键字参数时用 "＊＊"表示。

关键字参数的书写格式如下。

```
def 函数名(参数,参数,**关键字参数):
    函数体
函数名(参数,参数,键="值")
```

传递关键字参数 ＊＊kwargs，如以下代码所示。

```
def star(name,age,**kwargs):  #定义普通参数 name,age,关键字参数**kwargs
  print('name',name,'age',age,'other',kw)
star('Justin Bieber',26,sex="boy",stature="176") #其中关键字参数 **kwargs
```

运行结果如下。

```
'name:','Justin Bieber','age:',26,'other:',{'sex':'boy','stature':'176'}
```

也可以直接在传递字典时，让字典中每个键值对作为一个关键字参数传递给函数。

```
kw = {'sex':'boy','stature':'176'}
star('Justin Bieber',26,**kw) #注意,一定要在定义的字典 kw 前加上**
```

运行结果如下。

```
'name:','Justin Bieber','age:',26,'other:',{'sex':'boy','stature':'176'}
```

定义了字典但是在传参时没有加上 "＊＊"会报 TypeError 类型错误，必须要加上 "＊＊"来声明字典 kw 才是关键字参数。

```
star('Justin Bieber',26)
```

运行结果如下。

```
name Justin Bieber age 26 other {}
```

star( )函数接收 name、age 和 ＊＊kwargs 关键字参数，调用该函数时，可以只传必选参数，关键字参数可为空。

关键字参数可以扩展函数的功能。例如，在 func( )函数中，保证能接收到 x 和 y 这两个参数，如果调用者提供更多的参数，需要保证也可以接收。试想若完成一个用户注册的功能，除了用户名和年龄是必填项外，其他都是可选项，可以将用户名和年龄定义为位置参数，其他选项为关键字参数来满足需求。

6. 参数组合

Python 中定义函数，可以用多个参数的组合，参数定义的顺序必须是：必选参数、默认参数、可变参数、命名关键字参数和关键字参数。例如，把这些参数都进行组合，如以下代码所示。

参数组合的书写格式如下。

```
def 函数名(必选参数 a, 默认参数 b, ＊可变参数 args, ＊＊关键字参数 kwargs):
  print('a = ', a, 'b = ', b, 'c = ', c, 'd = ', d)
函数名(必选参数值 a, 默认参数值 b, ＊可变参数值 args, ＊＊关键字参数值 kwargs)
```

参数组合需要严格遵守参数优先级进行定义传参，如以下代码所示。

```
def func_test(a, b=0, ＊args, ＊＊kwargs): # ＊args 为可变参数,＊＊kwargs 为关键字参数
  print('a = ', a, 'b = ', b, 'c = ', c, 'd = ', d)
# 可变参数和关键字参数值可为空
func_test(1)
# 调用实参 b 值为2,覆盖 b 的默认值 0
func_test(1,2)
# 可变参数可以传入一个 list 或者 tuple
func_test(1,2,[1,2,3])
# 关键字参数需要打包成一个 dict,以 kw = 99 格式传入键值对
func_test(1,2,[1,2,3],kw = 99)
```

运行结果如下。

```
a = 1 b = 0 c = () d = {}
a = 1 b = 2 c = () d = {}
a = 1 b = 2 c = ([1, 2, 3],) d = {}
a = 1 b = 2 c = ([1, 2, 3],) d = { 'kw' : 99}
```

调用者可以传入不受个数限制的关键字参数，可变参数和关键字参数可以是 0～任意个，如果要限制关键字参数的名字，可以用 if…elif…来进行判断，不要同时使用太多的参数组合，否则函数的可理解性很差，如以下代码所示。

```
def func_test(name,age, ** kwargs):
  print('name:', name,'age:', age,'other:', kwargs)
  if 'city' in kw:
      # 关键字参数中是否有 city 参数
      return 1
  elif 'sex' in kwargs:
      # 关键字参数中是否有 sex 参数
      return 2
func_test("周杰伦",41,city = "Beijing",sex = "boy")
```

运行结果如图 3-18 所示。

name: 周杰伦 age: 41 other: {'city': 'Beijing', 'sex': 'boy'}

Out[62]: 1

●图 3-18　判断关键字参数中是否有某位参数

在 Python 中执行 help( )函数就能够看到函数的相关说明，如以下代码所示。

```
def test(a,b):
  '''用来完成对两个数求和'''
  print("% d"% (a+b))
test(11,22)
help(test)
```

运行结果如下。

```
33
Help on function test in module __main__:

test(a, b)
    用来完成对两个数求和
```

还可以用 test. __ doc __直接查看文档说明，如以下代码所示。

```
def test(a,b):
  "用来完成对 2 个数求和"
  print("% d"% (a+b))
print(test.__doc__)
```

运行结果如下。

```
用来完成对两个数求和
```

3.7.3　函数的返回值

返回值就是程序中函数完成后给调用者的结果。程序运行到所遇到的第一个 return 即返回（退出 def 函数），不会再运行第二个 return。函数可以不使用 return，如果没有 return 返回值，函数返回的值为 None。函数可以返回数字、字符串、列表、元组、字典和集合。如果返回多个值，以逗号分隔，例如，return 字符串，数值，列表。

通俗理解为，顾客去商店购买水果，给卖家 20 元，就相当于调用函数时传递参数，卖家把水果卖给顾客，此时水果就是返回值，顾客需要接到卖家拿来的水果，这个行为需要一个变量保存返回值。

函数内有返回值的书写格式如下。

```
def 函数名():
    函数体
    return 返回值
# 调用函数,顺便保存函数的返回值
变量 = 函数名(参数1,参数2)
```

实现函数中无 return 返回值的操作，如以下代码所示。

```
def print_info1():
    print('函数内无 return 则没有返回值')
print_info1()
```

运行结果如下。

```
函数内无 return 则没有返回值
```

实现简单的函数中有 return 返回值且返回多个值的操作，如以下代码所示。

```
def print_info3():
    print("test")
    return 4,'str',['1','2'],{"key":"values"},(1,2,)
print_info3()
```

运行结果如下。

```
test
(4,'str', ['1','2'], {'key':'values'}, (1, 2))
```

调用函数后，执行 return 返回多个值时以元组类型返回。return 语句就是把执行结果返回到调用的地方，如以下代码所示。

```
def print_info2():
    return "当一个函数中有多个 return 时,仅返回第一个 return"
    return "第二个返回值不会被调用"
print_info2()
```

运行结果如下。

```
'当一个函数中有多个 return 返回值时,仅返回第一个返回值'
```

函数内返回第一个 return 返回值。但是也并不意味着一个函数体中只能有一个 return 语句。根据不同的代码逻辑可以执行不同的返回结果，一个函数中可以有多个 return 语句，如以下代码所示。

```
def return_test(y):
    if y > 0:
        return  y
    else:
        return 0
a = return_test(4)
print(a)
```

运行结果如下。

```
4
```

返回函数的返回值，终止程序的运行，提前退出。Python 函数的定义中一定要有 return 返回值才是完整的函数。

3.7.4 全局变量与局部变量

在函数内部定义的变量叫作局部变量，函数外边定义的变量叫作全局变量。局部变量是为了临时保存数据，需要在函数中定义变量来进行存储。可以由某对象函数创建，也可以在函数内用 global 创建。全局变量可以被程序中所有对象或函数引用。

1. 函数的局部变量

局部变量只适用于函数内部，在函数的外部不能使用，所以不同的函数可以定义相同名字的局部变量。当函数调用时，局部变量被创建，当函数调用完成后，这个变量就不能再使用，如以下代码所示。

```
def show():
    # 局部变量:score
    score = 100
    print("分数:", score)
show()
print(score) # 无法打印变量 score
```

运行结果如图 3-19 所示。

```
分数: 100
```

```
NameError                               Traceback (most recent call last)
<ipython-input-66-fa39604616fa> in <module>
      4     print("分数:", score)
      5 show()
----> 6 print(score) # 无法打印变量score

NameError: name 'score' is not defined
```

●图 3-19   函数外调用局部变量

score 为局部变量，只能在定义 score 变量的函数内打印。

2. 函数的全局变量

全局变量既能在一个函数中使用，也能在其他的函数中使用，如以下代码所示。

```
a = 100
def test1():
    print(a)    # 虽然没有定义变量 a,但是依然可以获取其数据
def test2():
    print(a)    # 虽然没有定义变量 a,但是依然可以获取其数据
test1()
test2()
```

运行结果如下。

```
100
100
```

在函数外部定义的变量叫作全局变量，全局变量能够在所有的函数中进行访问。

3. 全局变量和局部变量名字相同问题

全局变量和局部变量命名发生冲突，修改局部变量示例，如以下代码所示。

```
a = 100
def test1():
    a = 300
    print('---初定义局部变量---%d'% a)
    a = 200
    print('修改后的局部变量%d'% a)
def test2():
    print('a = %d'% a)
test1()
test2()
```

运行结果如下。

```
---初定义局部变量---300
修改后的局部变量200
a = 100
```

当程序中出现全局变量与局部变量命名相同时，修改局部变量的值。

4. 修改全局变量

如果需要在函数内部修改全局变量，可以先使用 global 声明该变量为全局变量，然后进行修改操作。使用 global 改变全局变量值的示例，如以下代码所示。

```
a = 100
def test1():
    #定义局部变量 a
    global a
    a = 200
    print('修改后的%d'% a)
def test2():
    print('a = %d'% a)
test1()
test2()
```

运行结果如下。

修改后的 200
a = 200

3.8　模块与文件

本节将介绍模块与文件，主要内容包括：模块类型与模块导入、管理模块的包及自定义包、文件写入及读取、文件编码修改等内容。

Python 文件有两种，分别为脚本文件和模块文件。一个脚本文件就是整个程序，用于执行代码，实现功能；模块文件是指文件中用一些函数代码实现了一些功能，通常一个或者多个函数写在一个 .py 文件中，可以被其他的代码程序导入执行。

3.8.1　三种模块

模块分为三种类型：标准模块、第三方模块和自定义模块。

1）标准模块：Python 自带的模块，不需要下载安装包，直接可以 import 使用，如 time、random 等。

2）第三方模块：第三方开源模块通常需要用户下载安装，如在终端控制台安装：pip install 模块名。

3）自定义模块：用户写的实现某些功能的 .py 文件集合。

1. 标准模块

import 是导入，后面跟的模块名称就是导入相对应的模块包，如以下代码所示。

```
import random   #导入随机数模块
print(random.random())# 生成一个 0~1 的随机符点数: 0 <= n < 1.0
print(random.randint(1,100))# 生成一个指定范围内的整数,其中参数 1 是下限,参数 100 是上限,生成的随机数 n:a <= n <= b
```

```
random_test = ['张三','李四','王武']
print(random.choice(random_test))#随机取一个元素
print(random.choice('abcdefghigk'))
print(random.sample(random_test,2))#随机取两个元素
```

运行结果如下。

```
0.10968163759124627
28
张三
b
['李四','张三']
```

2. 第三方模块

在终端中进行安装，查看当前安装了哪些模块，如以下代码所示。

```
pip install 安装包名称
pip list
```

指定文件批量安装模块，创建一个名称为 requirements 的文本文件，文件内容为第三方模块名称==版本格式，可实现批量安装模块包，如以下代码所示。

```
#创建一个文本文件
pip install -r requirements.txt
```

3. 自定义模块

在 Python 中，一个.py 文件就是一个模块，程序复杂的情况下，将代码做成模块调用，使用模块可以避免函数名和变量名冲突。相同名字的函数和变量可以分别存在于不同的模块，这就是自定义模块。

自定义模块的命名规则：自定义模块的名称和变量名的定义很类似，都是由字母、数字和下画线组成，但是不能以数字开头，否则无法导入该模块。

当编写了多个代码文件都需要调用同一个函数时，为提高代码的组织结构，使代码不冗余，把相同功能的代码封装到同一个代码文件中，实现了功能的重复利用。

示例 1：test.py 文件调用 first_module.py 文件中函数，且 test.py 文件与 first_module.py 为同级文件夹（父级目录，共同的一个文件夹）。

first_module.py 文件定义两个自定义函数，如以下代码所示。

```
def first_test1():
    print("人生苦短")
def first_test2():
    print("我用python")
```

test.py 文件导入自定义模块，调用自定义模块中函数，如以下代码所示。

```
#也可以写成 import first_module as first    first 为重命名
import first_module
print("hello world")
# 书写格式为:模块名称 . 函数名称()
first_module.first_test1()
first_module.first_test2()
"""
import first_module as first
# 书写格式为:重命名模块名称 . 函数名称()
first.first_test1()
"""
```

示例2:test. py 文件调用 first_module. py 文件中的函数,且 test. py 文件与 first_module. py 为不同级文件夹。

first_module. py 文件定义一个自定义函数,如以下代码所示。

```
def first_test():
    print ("人生苦短,我用 python")
```

test1 文件导入 first_module 模块,调用 first_module 模块中的自定义函数,如以下代码所示。

```
from test1.first_module.py import *
# 可直接调用 first_module.py 文件夹下的函数
first_test()
"""
test.py 调用 test1 文件夹中的 first_module.py,在 test1 目录下创建__init__.py 文件
test1.first_module.py 是指 test1 下的 first_module.py 文件, * 是指导入全部函数
"""
```

使用 from 时不需要使用模块名字调用,使用 import 导入必须要写明全导入文件夹路径,如以下代码所示。

```
import test1.first_module
test1.first_module.first_test()
```

3. 8. 2   管理模块的包

在 Python 中导入一个包时,实际上是导入了包的 __init__. py 文件。可以通俗理解为包就是一个文件夹,只不过文件夹里面有一个__init__. py 文件,包用来管理模块,模块用来管理功能代码。

Python 自带模块包,如以下代码所示。

```
import time
import random
```

Python 自定义包导入方法，如以下代码所示。

```
# -----import 导入包里面的模块----
import 包名 . 模块
#-----import 导入包里面的模块设置别名----
import 包名 . 模块 as 别名
#--- from 包名 . 模块名 import 功能代码----
from 包名 . 模块名 import show  # 需要保证当前模块没有导入模块的功能代码
# --- from 包名 import * , 默认不会导入包里面的所有模块,需要在 init 文件里面使用__all__
去指定导入的模块
from 包名 import *
```

包中 __init__ 文件指定__all__写法，如以下代码所示。

```
#如果外界使用 from 包名 import * 不会导入包里面的所有模块,需要使用__all__指定
__all__ = ["模块名称 1", "模块名称 2"]
# 从当前包导入对应的模块
from . import 模块名称 1, 模块名称 2
```

上级目录调用下级目录，需要在下级目录中创建__init__. py 文件，如果某一个目录在后期导入使用时只是作为中间目录衔接使用，可以不加__init__. py。直接或间接显示地作为一个包导入并被使用必须加__init__. py，否则，Python 会把这个目录当成普通目录。

相对于 import 导入方法，from 导入显得更简洁、方便，但是一般情况下尽量避免使用 from A import * ，这种方法会污染命名空间，而且不能直观地显示哪些是导入的函数。

3. 8. 3　文件的基础操作

文件包括文本文件和二进制文件（声音、图像和视频等）。二进制文件的读写是将内存中的数据直接读写入文本中，文本文件则是将数据先转换成字符串，再写入文本中。从存储方式来说，文件在磁盘上的存储方式都是二进制形式。所以，文本文件其实也应该算是二进制文件。

1. 读取文件内容

打开文件的书写格式如下。

```
#文件存在的路径:C:\Users\xx\文件名称 . 文件后缀名    "r" 指可读取内容
#路径前面的 r 的作用是防止反斜杠被转义
f = open(r'文件存在的路径\test.txt','r')
```

要以读文件的模式打开一个文件对象，可以使用 Python 内置的 open( )函数打开文件，传入文件名和标识符，如图 3-20 所示。

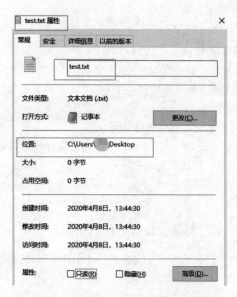

●图 3-20　查看文本文件路径及属性

标识符 r 表示读。文件不存在时，open( ) 函数会抛出一个 FileNotFoundError 异常报错，如以下代码所示。

```
f=open(r'文件存在的路径\test.txt','r')
""" 报错提示：
Traceback (most recent call last):
File "<stdin>", line 1, in <module>
FileNotFoundError: [Errno 2] No such file or directory:'/Users/michael/not-
found.txt'
"""
```

如果文件打开成功，调用 read( ) 方法可以一次读取文件的全部内容，Python 把内容读到内存，用一个 str 对象表示。

```
f.read()
```

运行结果如图 3-21 所示。

$$: \text{'hello, world!'}$$

●图 3-21　读取文本文件内容

最后一步是调用 close( ) 方法关闭文件。文件使用完毕后需要关闭，因为文件对象会占用操作系统的资源，操作系统同时间能打开的文件数量是有限的，如以下代码所示。

```
f.close()
```

由于文件读写时都有可能产生文件异常错误，一旦出错，后面的 f. close( ) 就不会调用。为了简化这种写法，在 Python 中使用 with 语句来自动帮用户调用 close( ) 方法，如以下代码所示。

```
#将打开的文件取别名为 f ,再使用 f 调用 read()函数读取文件内容
with open('文件存在的路径 \test.txt','r') as f:
    print(f.read())
```

调用 read( )方法会一次性读取文件的全部内容，如果文件太大会导致内存溢出，可以调用 read(size)方法限制最多读取 size 个字节的内容；readline( )可以每次读取一行内容；调用 readlines( )一次读取所有内容并按行返回一个列表。可根据需求来选择使用。

文件很小时，read( )一次性读取最方便；不能确定文件大小时，反复调用 read(size) 比较保险；如果是配置文件，调用 readlines( ) 最方便，可以使用 strip( ) 函数移除字符串头尾指定的字符，如以下代码所示。

```
for line in f.readlines():
    print(line.strip()) # .strip()把末尾的 '\n '删掉
```

2. 文件打开方式

关于文件的读取、写入和追加有不同的方法，文件具体操作模式见表 3-7。

表 3-7　文件具体操作方法及描述

模　式	描　述
r	只读模式打开文件，不可对文件进行修改
r+	在 r 的可读基础上增加了可写功能
w	只写模式打开文件，并将文件指针指向文件头；如果文件存在则将其内容清空，如果文件不存在则创建文件
w+	在 w 的可写基础上增加了可读功能
a	只追加可写模式打开文件，并将文件指针指向文件尾部，如果文件不存在则创建文件
a+	在 a 的可追加写入基础上增加了可读功能
b	读写二进制文件（默认是 t，表示文本文件），需要与上面几种模式搭配使用，如 ab、wb、ab 和 ab+

3. 写入文件内容

write 调用 open( )函数时，传入标识符 w 或者 wb 表示写文本文件或写二进制文件。

示例 1：使用代码创建一个文本文件 test. txt，并且写入字符串"人生苦短，我用 python!"，如以下代码所示。

```
#文件路径前加上 r 表示可读取,w 写入文件,如果没有则创建此文件,如果已有该文件会覆盖文件中的内容
with open (r'C:\Users\用户名 \Desktop \test.txt','w') as g:
    g.write( "人生苦短,我用 python!")
```

运行结果如图 3-22 所示。

示例 2：在已创建的 test. txt 文件中，追加字符串"python 是胶水语言"，如以下代码所示。

```
#a 追加功能,a+ 追加可读功能, f 为别名
with open(r'C:\Users\用户名\Desktop\test.txt','a+') as f:
    # 使用 \n 使追加的字符串写入到原有的文本内容下,且无需加逗号,加上逗号会默认为字符串参
数,抛出异常错误
    f.write("\n" "python 是胶水语言")
```

运行结果如图 3-23 所示。

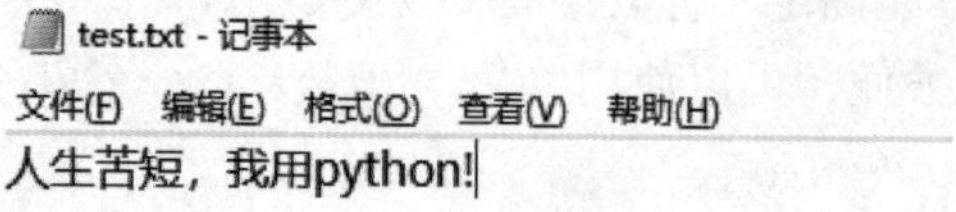

● 图 3-22　将字符串写入文本文件

● 图 3-23　追加字符串在文本文件中

4. 文件编码格式

Mac 计算机的编码默认为 UTF-8 编码,Windows 计算机的编码为 GBK 编码。编码和文件编码不一致会导致中文字体乱码,可以通过 encoding 进行编码转码。例如,下面将 test. txt 文件转换为 UTF-8 编码文件,如以下代码所示。

```
f = open(r'C:\Users\用户名\Desktop\test.txt','r', encoding = 'utf-8')
f.read()
```

编码不规范的文件,可能会出现 UnicodeDecodeError 编码错误,因为在文本文件中可能夹杂了一些非法编码的字符。这种情况下,open()函数接收一个 errors 参数,表示如果遇到编码错误如何处理,最简单的方式是直接忽略,如以下代码所示。

```
f = open(r'C:\Users\用户名\Desktop\test.txt','r', encoding = 'utf-8', errors =
'ignore')
```

encoding = 'utf-8' 转换文件内容编码格式为 UTF-8,如果有非法编码的字符,使用 errors = 'ignore'忽略。

3.9　异常报错机制

使用 Python 进行编程时可能会出现各种各样的错误,从而导致程序中断。有时并不希望这种错误导致的程序中断。可以通过异常处理忽略本次异常,让程序可以继续运行下去。

程序中通过异常报错提示可以快速定位程序的报错位置,以及报错类型。编程中异常报错提示非常重要,可以快速提高解决 Bug 的速度。

异常就是程序运行时检测到的错误,如以下代码所示。

```
a = 10
b = input('请输入整数:')
print(a+b)
```

运行结果：

```
TypeError: unsupported operand type(s) for +:'int' and 'str'
```

input 输入的结果为字符串，将整数和字符串相加会引发一个 TypeError 异常，这种异常直接将程序中断。Python 常见的标准异常类见表 3-8。

表 3-8　Python 常见的标准异常类

异 常 名 称	描　　述
AttributeError	对象没有此属性
ImportError	导入模块/对象失败
IndexError	序列中没有此索引（index）
NameError	未声明/初始化对象（没有属性）
SyntaxError	Python 语法错误
TypeError	对类型无效的操作
SystemExit	Python 解释器请求退出
ValueError	传入无效的参数
TabError	Tab 和空格混用
IOError	输入/输出操作失败
OSError	操作系统错误
KeyError	映射中没有此键
IndentationError	缩进错误
Exception	常规错误的基类
Warning	警告的基类
FloatingPointError	浮点计算错误
BaseException	所有异常的基类
SystemError	一般的解释器系统错误
SystemExit	解释器请求退出
SyntaxWarning	可疑语法的警告
UnicodeError	Unicode 相关的错误
UnicodeDecodeError	Unicode 解码时错误
UnicodeEncodeError	Unicode 编码时错误

程序中经常会遇到一些语法错误，语法错误一般用 SyntaxError 表示，如以下代码所示。

```
print "小明"
```

运行结果如下。

```
File "<ipython-input-20-610abe6852b0>", line 1
  print "小明"
        ^
SyntaxError: Missing parentheses in call to 'print'. Did you mean print("小明")
```

这个就是典型的语法错误, print 函数缺少( )导致的。

程序在遇到异常时, 如果不进行处理, 程序就会结束运行, 产生报错。用户希望程序能够打印出该异常并且继续运行程序, 就可以采用异常报错。高级语言通常都内置了一套 try... except... finally... 的错误处理机制。

错误处理机制定义的原理如下。

```
try:
    程序
except 异常类型 as 别名:
    异常处理
```

认为某些代码可能会出错时, 就可以用 try 来运行这段代码, 如果执行出错, 则后续代码不会继续执行, 而是直接跳转至错误处理代码, 即 except 语句块, 执行完 except 后, 如果有 finally 语句块, 则执行 finally 语句块, 至此, 执行完毕。

3.10　Python 项目

掌握前面介绍的 Python 基础知识, 为学习数据分析科学计算库做基石, 为巩固以上知识点, 读者可通过完成本节两个项目案例, 测试自己掌握的情况。

3.10.1　项目练习1

项目场景: 通过一个闪电快递配送的项目案例将代码逻辑应用到实际工作生活中, 此项目用来解决快递配送的人员与送货量的配比问题。在完成项目之前, 先明确需求流程。

1. 明确项目目的

1) 产品: 快递配送调配程序。

2) 详细信息: 已知快递总量、快递员数量, 计算需要几次能配送完。或者已知快递总量、配送的次数, 计算在这样的次数中完成工作, 至少需要的快递员数。标准大小的集装箱内有 100 件快递, 快递员一次只能配送 20 件快递, 需要 1 个快递员运送 5 次才能完成。2 倍标准大小的集装箱内有 200 件快递, 4 个快递员需要 5 次完成。0.6 倍标准大小的集装箱内有 60 件快递, 1 次送完需要 3 个快递员完成。那么已知快递总量、快递员数量, 计算需要几次能配送完。

2. 分析流程, 拆解项目

编写涉及的计算公式, 如以下代码所示。

```
# 配送次数计算公式
size = 2
person = 2
```

```
num = size * 100 /20/person
# 配送员数计算公式
size = 0.6
num = 1
person = size *100 /20/num
print(person)
```

运行结果：

```
3.0
```

3. 逐步执行，代码实现

通过以上逻辑点将项目细化，如以下代码所示。

```
import math
# math 提供了许多对浮点数的数学运算函数
def BOSS_input():
    # 输入内容
    types = int(input('请选择需要计算的工作:1-配送次数计算,2-快递员数计算,请选择'))
    sizes = float(input('请输入项目大小:1 代表标准大小,还可以输入其他倍数或小数'))
    if types ==1:
        others = int(input('请输入投入的快递员数,请输入整数'))
    else:
        others = int(input('请输入快递次数,请输入整数'))
    return types,sizes,others    #这里返回一个数组
#计算工作量
def calculate_job(data_input):
    #获取参数数值
    types = data_input[0]
    sizes = data_input[1]
    others = data_input[2]
    print('计算结果如下')
    if types ==1:
        #配送次数计算过程
        num = math.ceil(round((sizes * 100 /20/others),2))
        print('%.1f 个标准集装箱大的快递项目,使用%d 位快递员配送,则需要配送次数:%d 次
' % (sizes,others,num))
    elif types ==2:
        #快递员数计算过程
        person = math.ceil(round((sizes *100 /20/others),2))
        print('%.1f 个标准集装箱大的快递项目,%d 次配送完毕,则需要快递员数:%d 位 ' %
(sizes,others,person))
#主函数
```

```
def res():
    data_input = BOSS_input()
    calculate_job(data_input)
#调用主函数
res()
```

选择快递员数计算，输入"2"，运行结果如图 3-24 所示。

请选择需要计算的工作：1-配送次数计算，2-快递员数计算，请选择
2

●图 3-24　两位快递员运算结果

输入项目大小为"3"，运行结果如图 3-25 所示。

请选择需要计算的工作：1-配送次数计算，2-快递员数计算，请选择2
请输入项目大小：1代表标准，还可以输入其他倍数或小数 3

●图 3-25　项目为 3 运算结果

输入快递次数为"3"，运行结果如图 3-26 所示。

请选择需要计算的工作：1-配送次数计算，2-快递员数计算，请选择2
请输入项目大小：1代表标准，还可以输入其他倍数或小数3

请输入快递次数，请输入整数 3

●图 3-26　快递次数为 3 次运算结果

程序运行结束，最终计算结果，如图 3-27 所示。

请选择需要计算的工作：1-配送次数计算，2-快递员数计算，请选择2
请输入项目大小：1代表标准，还可以输入其他倍数或小数3
请输入快递次数，请输入整数3
计算结果如下
3.0个标准集装箱大的快递项目，3次配送完毕，则需要快递员数：5位

●图 3-27　程序最终结果

本项目涉及模块、函数、条件语句和算数运算符等相关知识点。

3.10.2　项目练习2

项目场景：售楼开盘，每天接待成百上千的客户。除了房子户型结构，购房者最关心的就是房屋价格，不同贷款周期的还款情况，等额本金和等额本息有多少金额差距。为了提高业务员的工作效率，决定开发程序软件，只需要输入贷款金额、贷款年份及贷款方式就能计算出每个月的还款额。

1. 明确项目目的：开发计算贷款金额程序软件

1）产品：计算贷款金额程序

2）详细信息如下。

房贷基准利率：4.9%。不同的银行针对不同的人群会在房贷基准利率的基础上上调
10%～30%或者下调 10%～30%。

房贷周期：1～30 年。

等额本息：每月按相等的金额偿还贷款本息，其中每月贷款利息按月初剩余贷款本金
计算并逐月结清。每月还款额中的本金比重逐月递增、利息比重逐月递减。

等额本金：本金分摊到每个月内，同时付清上一交易日至本次还款日之间的利息。利
息逐月递减，还款金额逐月递减。

2. 分析流程，拆解项目

1）编写涉及的等额本息公式，如以下代码所示。

```
每月应还本金 = 贷款本金×月利率×(1+月利率)^(还款月序号-1)/[(1+月利率)^还款月数-1]
每月还款利息 = 贷款本金×月利率×[(1+月利率)^还款月数-(1+月利率)^(还款月序号-1)]/[(1+月
利率)^还款月数-1]
每月还款额 = [贷款本金×月利率×(1+月利率)^还款月数]/[(1+月利率)^还款月数-1]
```

2）编写涉及的等额本金公式，如以下代码所示。

```
每月还款本金 = 总贷款额/贷款总月数
第 1 月利息 = 总贷款额 * 年利率/12
第 2 月利息 = 总贷款额×(1-1/贷款总月数)×年利率/12
依次类推
每月还款额 = 每个月还款本金+每月偿还利息
```

3. 逐步执行，代码实现

通过以上逻辑点将项目更加精细化，如以下代码所示。

```python
total_loan = int(input("请输入贷款总额:"))
total_loan_year = int(input("请输入贷款年限:"))
loan_rate = float(input("请输入基准利率倍数:"))
loan_mathod = int(input("等额本金请输入1,等额本息请输入2:"))
loan_rate = loan_rate * 0.049
if loan_mathod == 1:
  for i in range(12 * total_loan_year):
    i += 1
    principal = total_loan/(total_loan_year * 12)
    interest = total_loan * (1-(i-1)/(total_loan_year * 12)) * (loan_rate/12)
    repayment = principal + interest
    print("第%d月还款额:"% (i))
```

```
        print(principal)
        print(interest)
        print(repayment)
else:
  for i in range(12 * total_loan_year):
    i += 1
    principal = (total_loan * (loan_rate/12) * (1+loan_rate/12) ** (i-1))/((1+
loan_rate/12) ** (total_loan_year * 12)-1)
    interest = total_loan * (loan_rate/12) * ((1+loan_rate/12) ** (total_loan_
year * 12)-(1+loan_rate/12) ** (i-1))/((1+loan_rate/12) ** (total_loan_year * 12)
-1)
    repayment = principal + interest
    print("第%d月还款额:"% (i))
    print(principal)
    print(interest)
    print(repayment)
```

输入贷款总额 "19999"，运行结果如图 3-28 所示。

请输入贷款总额: 19999

●图 3-28　输入贷款 19999 运算结果

输入贷款年限 "1"，运行结果如图 3-29 所示。

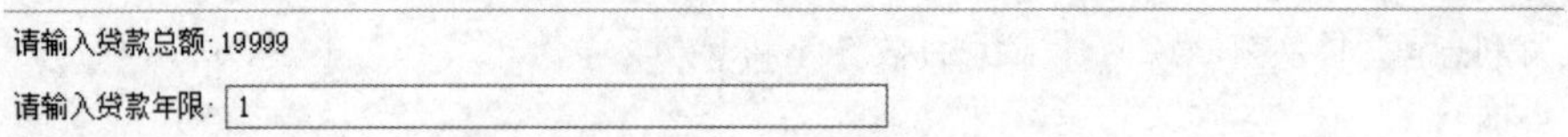

请输入贷款总额:19999
请输入贷款年限: 1

●图 3-29　输入贷款年限 1 运算结果

输入基准利率倍数 "0.3"，运行结果如图 3-30 所示。

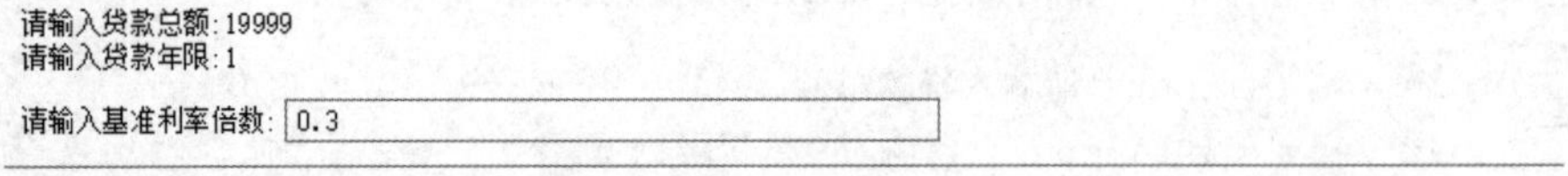

请输入贷款总额:19999
请输入贷款年限:1
请输入基准利率倍数: 0.3

●图 3-30　输入基准利率倍数 0.3

输入等额本金 "1"，运行结果如图 3-31 所示。

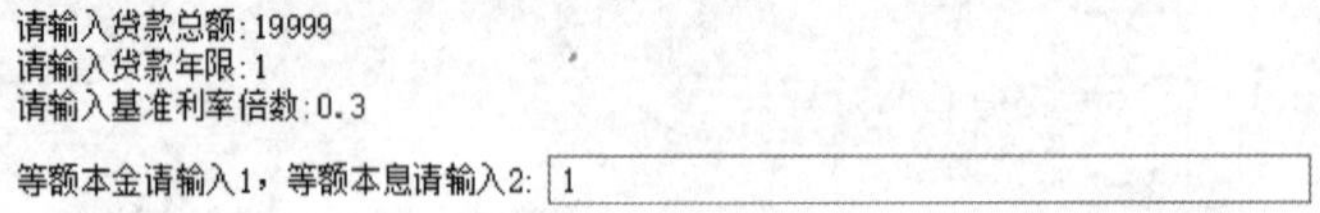

请输入贷款总额:19999
请输入贷款年限:1
请输入基准利率倍数:0.3
等额本金请输入1，等额本息请输入2: 1

●图 3-31　输入等额本金 1 运算结果

运行结果如下。

```
请输入贷款总额:19999
请输入贷款年限:1
请输入基准利率倍数:0.3
等额本金请输入1,等额本息请输入2:1
第1月还款额:
1666.5833333333333
24.498775
1691.0821083333333
第2月还款额:
1666.5833333333333
22.457210416666662
1689.0405437499999
第3月还款额:
1666.5833333333333
20.415645833333336
1686.9989791666667
……省略部分结果……
第10月还款额:
1666.5833333333333
6.12469375
1672.7080270833333
第11月还款额:
1666.5833333333333
4.083129166666666
1670.6664624999999
第12月还款额:
1666.5833333333333
2.0415645833333342
1668.6248979166667
```

本项目涉及类型转换、条件语句、循环和算数运算符等相关知识点。

Python基础知识涵盖甚广，以上内容为数据分析中常用的Python基础知识，需熟练掌握。

第4章

数据灵魂基础之 NumPy

NumPy（Numerical Python）是科学计算基础的一个库，提供了大量关于科学计算的相关功能，如线性变换、数据统计和随机数生成等。其提供的最核心的类型为多维数组类型（ndarray）。NumPy 为开放源代码，其前身 Numeric 最早是由 Jim Hugunin 与多位协作者共同开发。2005 年，Travis Oliphant 在 Numeric 中结合了另一个同性质的程序库 Numarray 的特色，并加入了其他扩展开发了 NumPy。

4.1　NumPy 安装

NumPy 的安装步骤如下。

1）使用 pip install numpy 命令安装 Numpy 库。

2）使用 NumPy 库的导入方式为 import numpy as np。

3）导入后通过 np. __version__查看 NumPy 库的版本信息。

导入 NumPy 模块，查看版本信息，如以下代码所示。

```
import numpy as np
np.__version__
```

4.2　数组的创建

NumPy 提供了很多方式（函数）来创建数组对象。

常用的方式有：①mean( )/sum( )/median( )。②array( )。③arrange( )。④ones( )/ones_like( )。⑤zeros( )/zeros_like( )。⑥empty( )/empty_like( )。⑦full( )/full_like( )。⑧eye( )/identity( )。⑨linspace( )。⑩logspace( )。

NumPy 最重要的一个特点是其 N 维数组对象 ndarray。ndarray 是一系列同类型数据的集合，以 0 下标开始进行集合中元素的索引。ndarray 对象用于存放同类型元素的多维数组。创建不同数组进行展示，如以下代码所示。

```
import numpy as np
a = np.array([1, 2, 3])
# ndarray 数组类型
print(type(a))
print(a)
```

运行结果如下。

```
<type 'numpy.ndarray'>
[1 2 3]
```

创建一个区间的数组展示，如以下代码所示。

```
a = np.arange(1, 10, 2)
print(a)
# Python 中的 range()函数只能产生整数区间
print(list(range(1, 2)))
# NumPy 中的 arange 方法功能更加灵活,其可以产生浮点类型的区间
a = np.arange(1, 10.2, 0.5)
print(a)
```

运行结果如下。

```
[1 3 5 7 9]
[1]
[ 1.   1.5 2.   2.5 3.   3.5 4.   4.5 5.   5.5 6.   6.5 7.   7.5
 8.   8.5 9.   9.5 10. ]
```

在 Python 中有二维列表，NumPy 也同样提供了二维数组供使用，二维数组中有形状的概念，把数组分成了行与列，例如，可以创建一个三行两列的数组，形状就是由行和列来组成，如以下代码所示。

```
list2 = [[1,2],[3,4],[5,6]]
twoArray = np.array(list2)
# 获取数组的维度 ( 注意：与函数的参数很像 )
print(twoArray.ndim)
# 形状 ( 行,列 )
print(twoArray.shape)
print(twoArray.size)
```

运行结果如下。

```
2
(3L, 2L)
6
```

创建数组有很多方式，例如，创建一个值全为 1 的数组，shape 参数来指定每个维度的长度（数组的形状），创建一个三维数组，如以下代码所示。

```
a = np.ones(shape=(2, 3, 4))
print(a)
```

运行结果如下。

```
[[[1. 1. 1. 1.]
  [1. 1. 1. 1.]
  [1. 1. 1. 1.]]

 [[1. 1. 1. 1.]
  [1. 1. 1. 1.]
  [1. 1. 1. 1.]]]
```

创建一个值全为 1 的数组，形状与参数数组的形状相同，如以下代码所示。

```
a = np.array([1, 2, 3])
b = np.ones_like(a)
print(b)
```

运行结果如下。

```
[1 1 1]
```

4.3　数组

数组与列表类似，是具有相同类型的多个元素构成的整体。

1. 数组的局限和优势

数组的元素要求是相同类型，可以与标量进行运算，数组之间也可以进行矢量化运算。对应位置的元素进行运算无须进行循环操作，这样就可以充分利用现代处理器单指令多数据流（Single Instruction Multiple Data，SIMD）的方式进行并行计算。

数组在运算时，具有广播能力，可根据需要进行元素的扩展，完成运算。

数组底层使用 C 语言编写，运算速度快。数组底层使用 C 语言中数组的存储方式（紧凑存储），节省内存空间。

将一个列表与数组中的所有元素进行相同的改变和将两个等长的列表与数组分别进行数学运算（如+、-等）做一个对比，例如，将列表与数组同时加 100 和同时加列表 [4,5,6]，对比结果如下。

与标量进行运算。Python 中列表的操作，如以下代码所示。

```
li = [1, 2, 3]
value = 100
for i in range(len(li)):
    li[i] += value
print(li)
```

运行结果如下。

```
[101, 102, 103]
```

与标量进行运算。NumPy 中 ndarray 数组的操作，如以下代码所示。

```
import numpy as np
# 与标量进行运算。NumPy 中 ndarray 数组的操作
a = np.array([1, 2, 3])
# 数组与标量进行计算,会使用数组中每个元素与该标量进行运算
value=100
a += value
print(a)
```

运行结果如下。

```
[101, 102, 103]
```

矢量化的计算，Python 中列表的操作，如以下代码所示。

```
li = [1, 2, 3]
li2 = [4, 5, 6]
li3 = []
```

```
for a, b in zip(li, li2):
    li3.append(a + b)
print(li3)
```

运行结果如下。

```
[5, 7, 9]
```

矢量化的计算，ndarray 的操作，如以下代码所示。

```
a1 = np.array([1, 2, 3])
a2 = np.array([4, 5, 6])
# ndarray 的矢量化计算。此时，就是使用数组中每个元素进行对位计算。
a3 = a1 + a2
print(a3)
```

运行结果如下。

```
[5, 7, 9]
```

NumPy 的大部分代码都是用 C 语言编写的，其底层算法在设计时就有着优异的性能，这使得 NumPy 比纯 Python 代码高效得多。ndarray 与 Python 原生 list 运算效率进行对比，如以下代码所示。

```
import random
import time
import numpy as np
a = []
for i in range(100000000):
    a.append(random.random())
t1 = time.time()
sum1 = sum(a)
t2 = time.time()
b = np.array(a)
t4 = time.time()
sum3 = np.sum(b)
t5 = time.time()
print(t2-t1, t5-t4)
```

t2-t1 为使用 Python 自带的求和函数消耗的时间，t5-t4 为使用 NumPy 求和消耗的时间，结果为 0. 478424072265625 和 0. 12765145301818848。从中看到 ndarray 的计算速度要快很多，节约了时间成本。

2. 数组的相关属性与操作

数组对象的常用属性有：ndim、shape、dtype、size 和 itemsize。
ndim 用来返回数组的维度，如以下代码所示。

```
import numpy as np
a = []
a = np.array([[1, 2], [3, 4]], dtype=np.int16)
print(a.ndim)
```

运行结果如下。

```
2
```

shape 用来返回数组的形状。形状指数组每个维度的长度（数组每个维度含有元素的个数），返回元组类型。每个元素代表维度的大小，维度从高到低排列，如以下代码所示。

```
print(a.shape)
```

运行结果如下。

```
(2, 2)
```

dtype 用来返回数组的数据类型，如以下代码所示。

```
print(a.dtype)
```

运行结果如下。

```
int16
```

size 用来返回数组中元素的个数。返回的是所有的元素（所有维度长度的乘积），而不是某个维度的元素，如以下代码所示。

```
print(a.size)
```

运行结果如下。

```
4
```

itemsize 用来返回数组中每个元素占用的空间大小（以字节为单位），如以下代码所示。

```
print(a.itemsize)
```

运行结果如下。

```
2
```

4.4　数据类型

在创建数组时，也可以使用 dtype 来指定数组中元素的类型（通过 NumPy 提供的类型进行指定）。若没有指定元素的类型，则会根据元素类型进行推断。若元素的类型不同，则会选择一种兼容的类型。数组文件结构简单，和 txt 文件差别不大，如以下代码所示。

```
import numpy as np
a = np.array([1, 2, 3.0], dtype=np.float32)
a = np.array([1, 2, "a"])
print(a.dtype)
```

运行结果如下。

```
int16
```

在创建数组时，元素的顺序不同，可能会影响到最终的类型变化，如以下代码所示。

```
a = np.array([1, 2, "a"])
b = np.array(["a", 1, 2])
print(a.dtype, b.dtype)
```

运行结果如下。

```
<U11 <U1
```

常用的数据类型见表4-1。

表4-1 常用的数据类型

名　称	描　述	简　写
np. bool	用一个字节存储的布尔类型（True 或 False）	'b'
np. int8	一个字节大小，-128~127（一个字节）	'i'
np. int16	整数，-32768~32767（2个字节）	'i2'
np. int32	整数，$-2**31$~$2**32-1$（4个字节）	'i4'
np. int64	整数，$-2**63$~$2**63-1$（8个字节）	'i8'
np. uint8	无符号整数，0~255	'u'
np. uint16	无符号整数，0~65535	'u2'
np. uint32	无符号整数，0~$2**32-1$	'u4'
np. uint64	无符号整数，0~$2**64-1$	'u8'
np. float16	半精度浮点数：16位，正负号1位，指数5位，精度10位	'f2'
np. float32	单精度浮点数：32位，正负号1位，指数8位，精度23位	'f4'
np. float64	双精度浮点数：64位，正负号1位，指数11位，精度52位	'f8'
np. complex64	复数，分别用两个32位浮点数表示实部和虚部	'c8'
np. complex128	复数，分别用两个64位浮点数表示实部和虚部	'c16'
np. object_	Python 对象	'O'
np. string_	字符串	'S'
np. unicode_	unicode 类型	'U'

可以通过数组对象的 astype( )函数来进行类型转换，如以下代码所示。

```
a = np.array(["32", "15", "17"])
# astype()返回新创建的对象,而不是就地修改
a = a.astype(np.int32)
print(a.dtype)
print(a)
```

运行结果如下。

```
int32
[32 15 17]
```

也可以直接修改 dtype 属性，而不使用 astype( )方法，如以下代码所示。

```
a = np.array([1.0, 2.5, 3.4, 4.1], dtype=np.float32)
a.dtype = np.int32
a.dtype = np.int64
print(a.astype(np.int32))
```

运行结果如下。

```
[1065353216 1079613850]
```

可以通过数组对象的 reshape( )方法（或者 np 的 reshape( )函数）来改变数组的形状。

改变数组形状时，如果维度不小于 2，可以将某一个维度设置为-1。NumPy 中存在很多方法，既可以使用 np 来访问，也可以通过数组对象来访问。

通过 np. reshape 去改变数组的形状，如以下代码所示。

```
a = np.arange(12)
print(a.shape)
# 通过 np.reshape 去改变数组的形状
b = np.reshape(a, (3, 4))
print(b.shape)
```

运行结果如下。

```
(12,)
(3,4)
```

通过数组对象的 reshape( )方法来改变二维数组形状，如以下代码所示。

```
b = a.reshape((3, 4))
print(b)
```

运行结果如下。

```
[[ 0 1 2 3]
 [ 4 5 6 7]
 [ 8 9 10 11]]
```

修改成更高的维度，如以下代码所示。

```
print(a.reshape((2,3,2)))
```

运行结果如下。

```
[[[ 0 1]
 [ 2 3]
 [ 4 5]]

 [[ 6 7]
 [ 8 9]
 [10 11]]]
```

当数组维度不小于 2 时，可以将其中一个维度设置为–1，维度–1 表示自动计算该维度的大小，如以下代码所示。

```
b = a.reshape((3,4))
print(b)
```

运行结果如下。

```
[[ 0 1 2 3]
 [ 4 5 6 7]
 [ 8 9 10 11]]7
```

改变形状中，指定–1，则–1 最多只能有 1 个，如以下代码所示。

```
c = a.reshape((-1,4))
```

运行结果如下。

```
[[ 0 1 2 3]
 [ 4 5 6 7]
 [ 8 9 10 11]]
```

4.5　索引与切片

在 Python 中，序列类型支持索引与切片操作，在 NumPy 库中，ndarray 数组也支持类似的操作，语法与 Python 中序列类型的索引与切片相似。当数组是多维数组时，可以使用 array[高维，低维]的方式按维度进行索引或切片。

通过切片可以选取多个元素，但是，如果要选取的是低维数组或元素，结果是不连续的，如以下代码所示。

```
import numpy as np
# ndarray 数组支持索引与切片
a = np.array([1, 2, 3, 4])
print(a[0], a[-2])
a = np.arange(12).reshape((3, 4))
print(a[0][2])
print(a[0,2])
```

运行结果如下。

```
(1, 3)
2
2
```

进行切片，如以下代码所示。

```
import pandas as pd
li = [1, 2, 4, 5]
# 在 Python 中,列表的切片返回的是浅拷贝
c = li[0:2]
li[0] = 111
print(c)
```

运行结果如下。

```
[1, 2]
```

在 ndarray 中，切片返回的是原数组对象的视图。返回的对象与原数组对象共享底层的数据。

一个对象如果改变了底层的数据（数组的元素），将会对另外一个对象造成影响，如以下代码所示。

```
a = np.arange(10)
b = a[2:7]
print(b)
a[5] = 1000
print(a)
print(b)
```

运行结果如下。

```
[2 3 4 5 6]
[   0    1    2    3    4 1000    6    7    8    9]
[   2    3    4 1000    6]
```

如果希望数组能够实现真正的复制，一个数组的改变不会影响另外一个数组，可以使用数组对象的 copy( )方法。copy( )返回数组的副本，如以下代码所示。

```
c = a.copy()
a[0] = 1000000
print(a)
print(c)
```

数据可对整型数组、布尔型数组进行索引，还可以对数组对象进行扁平化处理。

1. 整型数组进行索引

可以提供多个一维数组索引，每个数组的对应位置元素作为索引，返回对应的元素。通过对整型数组进行索引，提取元素，如以下代码所示。

```
import numpy as np
a = np.arange(10, 0, -1)
print(a)
```

运行结果如下。

```
[10 9 8 7 6 5 4 3 2 1]
```

如果元素是连续的、间隔有规律的可以使用切片。如果没有以上规律，可以使用整型数组来指定索引位置，进而提取元素，如以下代码所示。

```
index = np.array([0, 1, 9])
print([index])
```

运行结果如下。

```
[array([0, 1, 9])]
```

提供的索引数组未必一定是 ndarray 类型的，只要是数组类型就可以，如以下代码所示。

```
print(a[[0, 1, -2]])
```

运行结果如下。

```
[10 9 2]
```

通过整型数组提取元素，返回的是原数组对象的副本，与数组的切片不同，如以下代码所示。

```
a = np.array([1, 3, 5, 7])
# 通过切片提取元素,返回视图
b = a[:2]
print(b)
```

运行结果如下。

```
[1 3]
```

通过整型数组提取元素，返回副本，如以下代码所示。

```
b = a[[0,1]]
print(a)
print(b)
a[0] = 10000
print(a)
print(b)
```

运行结果如下。

```
[1 3 5 7]
[1 3]
[10000    3    5    7]
[1 3]
```

2. 布尔型数组进行索引

提供一个布尔类型的数组（A），然后通过该数组（A）来对另外一个数组（B）进行索引（元素选取）。

索引的原则为：如果为 True，则选取对应位置的元素，否则不选取。

通过布尔型数组进行索引是常见且实用的操作，通常用来进行元素选择或过滤。例如，选择一个公司中所有工龄大于 15 的员工或选择两个数组中对应位置相同的元素并将所有大于 100 的值设置为 100。

用于索引的布尔数组通常通过现有数组计算得出。可以通过 ~ 对条件进行取反操作，不能使用 not。当存在多个条件时，可以使用 & 和 | 符号，但是不能使用 and 和 or，并且每个条件需要使用( )括起来，如以下代码所示。

```
import numpy as np
a = np.array([5, 12, 40, -43])
b = np.array([True, False, False, True])
print(a[b])
print(a[[True, False, False, True]])
```

运行结果如下。

```
[ 5 -43]
[ 5 -43]
```

在实际应用中，不会自己去创建布尔型数组，而是通过计算得出布尔型数组，如以下代码所示。

```
print(a > 0)
print(a[a > 0])
```

运行结果如下。

```
[ True True True False]
[ 5 12 40]
```

3. 数组扁平化

数组中 ravel( ) 与 flatten( ) 都可以进行数组扁平化。不同之处在于，ravel( ) 返回的是原数组的视图，与原数组共享底层的数组元素，一个发生改变，会影响另外一个。而 flatten( ) 返回的是原数组的副本，二者之间不会受到相互的影响，如以下代码所示。

```
import numpy as np
a = np.arange(16).reshape((4,4))
# b = np.ravel(a)
b = a.ravel()
c = a.flatten()
a[0][0] = 10000
print(a)
print(b)
print(c)
```

运行结果如下。

```
[[10000     1     2     3]
 [    4     5     6     7]
 [    8     9    10    11]
 [   12    13    14    15]]
[10000     1     2     3     4     5     6     7     8     9    10    11
    12    13    14    15]
[0 1 2 3 4 5 6 7 8 9 10 11 12 13 14 15]
```

在创建数组时，可以通过 order 参数来指定数组元素的存储顺序。存储顺序分为两种：C 行优先和 F 列优先。

示例 1：构建数组时，首先会使用 order 指定的方式对构建的元素数组进行扁平化处理，再使用 order 指定的方式对扁平化后的结果进行填充。使用 array( ) 函数，如以下代码所示。

```
c = np.array([[1,2],[3,4]], order="C")
f = np.array([[1,2],[3,4]], order="F")
print(c)
print(f)
```

运行结果如下。

```
[[1 2]
 [3 4]]
```

```
[[1 2]
 [3 4]]
```

示例2：使用 array( ) 函数，如以下代码所示。

```
a = np.array([[1, 2, 3], [4, 5, 6]])
c = a.reshape((3, 2), order = "C")
f = a.reshape((3, 2), order = "F")
print(c)
print(f)
```

运行结果如下。

```
[[1 2]
 [3 4]
 [5 6]]
[[1 5]
 [4 3]
 [2 6]]
```

4.6 通用函数

NumPy 提供了许多通用函数，这些通用函数可以看作是以前通过 Python 计算的矢量化版本。常用的通用函数有：①abs( )/ fabs( )。②ceil( )/floor( )。③exp( )。④log( )/log2( )/log10( )。⑤modf( )。⑥sin( )/ sinh( )/cos( )/cosh( )。⑦sqrt( )。

其实 Python 中已经具备了通用函数的功能，NumPy 中再次提供这些功能是为了实现矢量化的计算。

Python 提供的功能都是标量化的版本，而 NumPy 提供的是 Python 中相同功能的矢量化版本。

获取数值的小数部分与整数部分，如以下代码所示。

```
import numpy as np
li = [1.3, 2.5, -3, -4.5]
print(np.abs(li))
# 返回数值的小数部分与整数部分
print(np.modf(np.array([1.5, 2.4, -3.5, 4.8])))
```

运行结果如下。

```
[1.3 2.5 3. 4.5]
(array([ 0.5, 0.4, -0.5, 0.8]), array([ 1., 2., -3., 4.]))
```

4.6.1 统计函数

NumPy（或数组对象）常用的统计函数如下有：①mean（ ）/sum（ ）/median（ ）。②max（ ）/min（ ）/amax（ ）/amin（ ）。③argmax（ ）/argminstd（ ）/var（ ）。④cumsum（ ）/cumprod（ ）。

轴（axis）可以指定 axis 参数来改变统计的轴。axis 是非常重要的参数，关于数组的很多操作与运算，都涉及该参数。轴的取值为 0、1、2…，其中 0 表示最高的维度，1 表示次高的维度，以此类推。

同时，轴也可以为负值，表示倒数第 n 个维度，如 -1 表示最后（低）一个维度。在二维数组中，0 表示沿着竖直方向进行操作，1 表示沿着水平方向进行操作。在多维数组中，轴相对复杂一些，可认为是沿着轴所指定的下标变化方向进行操作。例如，轴是 1，则根据第 1 个下标变化的方向进行操作，如图 4-1 和图 4-2 所示。

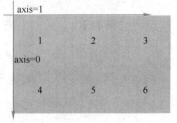

●图 4-1　二维数组的轴展示

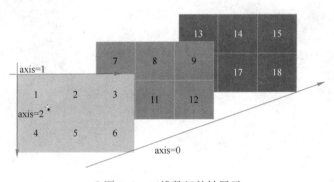

●图 4-2　三维数组的轴展示

在 ndarray 数值进行统计时，如果没有指定轴（axis 参数），则统计的是数组中所有的元素。如果需要进行更细致的统计，可以设置参数 axis。当数组是二维数组时，axis = 0 按照竖直的方向进行统计，axis = 1 按照水平的方向进行统计，如以下代码所示。

```
#对整个数组进行统计
np.mean(a)
#axis = 0,按照竖直方向进行统计
np.mean(a, axis = 0)
#axis = 1,按照水平方向进行统计
np.mean(a, axis = 1)
# 轴的取值范围:[0,数组.ndim - 1],除此之外,轴也可以取负值,表示倒数第 n 个轴
np.mean(a, axis = -2)
```

当数组是多维数组时，轴统计的方向是按照下标变化的方向来进行统计的。

轴与维度是一一对应的，即按照哪个轴进行统计，实际上就是按照哪个维度进行统计，如以下代码所示。

```
a = np.arange(2 * 3 * 4).reshape((2, 3, 4))
print(a)
print(np.sum(a, axis = 0))
print(np.sum(a, axis = 1))
print(np.sum(a, axis = 2))
```

运行结果如下。

```
[[[ 0 1 2 3]
 [ 4 5 6 7]
 [ 8 9 10 11]]

 [[12 13 14 15]
 [16 17 18 19]
 [20 21 22 23]]]
[[12 14 16 18]
 [20 22 24 26]
 [28 30 32 34]]
[[12 15 18 21]
 [48 51 54 57]]
[[ 6 22 38]
 [54 70 86]]
```

4.6.2　随机函数

常用的随机函数有：①np. random. rand( )。②np. random. random( )与 rand( )相同，但是形状通过一个参数指定。③np. random. randn( )。④np. random. normal( )。⑤np. random. randint( )。⑥np. random. seed( )。⑦np. random. shuffle( )。⑧np. random. uniform( )。

示例1：返回［0. 1）范围的随机数，参数指定数组的形状，如以下代码所示。

```
import numpy as np
np.random.rand(3, 4)
```

运行结果如下。

```
array([[0.35055196, 0.29346912, 0.47692025, 0.47478262],
       [0.88621023, 0.2119873 , 0.31971275, 0.42849574],
       [0.98247396, 0.63367122, 0.87301187, 0.55935826]])
```

random( )与 rand( )函数相同，也是生成［0，1）之间的随机小数，只是指定数组形状的方式不同。rand( )是使用多个参数，每个参数来指定每个维度的长度，而 random( )函数是使用一个参数（元组类型）来指定每个维度的长度，如以下代码所示。

```
np.random.random(size=(4,5))
```

运行结果如下。

```
array([[0.96619578, 0.1013246 , 0.93661164, 0.27568373, 0.44836772],
       [0.18940589, 0.50987671, 0.4345016 , 0.48677084, 0.7085729 ],
       [0.35183585, 0.88111513, 0.47552249, 0.94280068, 0.24992998],
       [0.67755822, 0.39313393, 0.12683316, 0.49008165, 0.12803857]])
```

4.6.3 连接函数

np. concatenate( )对多个数组按指定轴的方向进行连接，如以下代码所示。

```
a = np.arange(6).reshape((2,3))
print(a)
b = np.arange(6,12).reshape((2,3))
print(b)
```

运行结果如下。

```
[[0 1 2]
 [3 4 5]]
[[ 6 7 8]
 [ 9 10 11]]
```

np. concatenate 用来连接两个（或更多）数组。axis 指定连接方向（0 为竖直方向，1 为水平方向，默认为0）。

```
print(np.concatenate((a,b),axis=0))
print(np.concatenate((a,b),axis=1))
```

运行结果如下。

```
[[ 0 1 2]
 [ 3 4 5]
 [ 6 7 8]
 [ 9 10 11]]
[[0 1 2 6 7 8]
 [3 4 5 9 10 11]]
```

4.6.4 其他函数

其他常用函数有：① any( )/all( )。② transpose(T)。③ swapaxes( )。④ dot(@)。⑤ sort( )/

np. sort（）。⑥ unique（）。⑦ np. where（）。⑧ np. save（）/np. load（）。⑨ np. savetxt（）/
np. loadtxt（）。

any（）：如果数组中有任何一个元素为 True（或者能转换为 True），则返回 True，否则
返回 False。all（）：如果数组中所有元素为 True（或者能转换为 True），则返回 True，否则
返回 False。数组中有一个元素为 False，如以下代码所示。

```
a = np.array([1, 0, False])
print(a.any())
print(a.all())
```

运行结果如下。

```
True
False
```

transpose(T)函数在不指定参数时，默认是矩阵转置。指定参数 transpose((0,1))表示
按照原坐标轴改变序列，也就是保持不变。而 transpose((1,0)) 表示交换 0 轴和 1 轴。
transpose()函数可以改变序列，如以下代码所示。

```
a = np.arange(6).reshape((2, 3))
print(a.T)
print(a.transpose())
a = np.arange(24).reshape((2, 3, 4))
print(a)
```

运行结果如下。

```
[[0 3]
[1 4]
[2 5]]
[[0 3]
[1 4]
[2 5]]
[[[ 0 1 2 3]
[ 4 5 6 7]
[ 8 9 10 11]]

[[12 13 14 15]
[16 17 18 19]
[20 21 22 23]]]
```

从矩阵的角度讲，这是一个转置的操作。如果从更高维的角度讲，是一个轴的颠倒。
假设以前的轴为 0、1、2…n，转换之后为 n、n-1 … 0。轴的变换体现在下标的变换。例

如，a[i][j][k] => a[k][j][i]，如以下代码所示。

```
print(a.T)
```

运行结果如下。

```
[[[ 0 12]
  [ 4 16]
  [ 8 20]]

 [[ 1 13]
  [ 5 17]
  [ 9 21]]

 [[ 2 14]
  [ 6 18]
  [10 22]]

 [[ 3 15]
  [ 7 19]
  [11 23]]]
```

T属性相当于是无参的 transpose( )方法。transpose( )可以通过参数来控制轴的交换（更加灵活），而不是仅能进行轴顺序的颠倒。（1,2,0）表示的意思就是使用以前的1轴充当现在的0轴，使用以前的2轴充当现在的1轴，使用以前的0轴充当现在的2轴，如以下代码所示。

```
print(a.transpose(1,2,0))
```

运行结果如下。

```
[[[ 0 12]
  [ 1 13]
  [ 2 14]
  [ 3 15]]

 [[ 4 16]
  [ 5 17]
  [ 6 18]
  [ 7 19]]

 [[ 8 20]
  [ 9 21]
  [10 22]
  [11 23]]]
```

dot( )方法的使用，如以下代码所示。

```
# 数组与标量进行 dot 运算。此时,使用数组中每个元素与该标量进行乘法运算,相当于 * 运算
a = np.array([1, 2, 3])
np.dot(a, 3)
# a * 3
# 两个一维数组进行 dot 运算。此时,会使用两个数组的元素进行对位相乘,再相加
a = np.array([1, 2, 3])
b = np.array([2, 3, 1])
np.dot(a, b)
# 两个二维数组进行 dot 运算。此时,执行数学上矩阵的点积运算
a = np.array([[1, 2], [3, 4]])
b = np.array([[2, 1], [0, 2]])
np.dot(a, b)
```

虽然很多方法既可以通过"np."方法进行访问,也可以通过"数组对象."方法进行访问。但是二者并不总是等价的。sort()方法就是一个特例:np.sort()没有修改数组对象,而是返回一个新的对象,新的对象是排序之后的结果;数组对象.sort()修改数组对象,不会返回任何内容,返回内容为 None,如以下代码所示。

```
a = np.array([3, 2, 5, -1, 4])
np.sort(a)
a.sort()
print(a)
a = np.array([3, 2, 5, -1, 4, 2, -1])
# 删除数组重复的元素,并且对数组进行排序
np.unique(a)
# if 5 < 3 "值1",else "值2"
# np.where 可以看作是简化版 if-else 的矢量化版本.
a = np.array([50, 30, 12, 30, 93])
b = np.array([40, 23, 10, -3, 333])
# 第1个参数指定条件,若条件为 True,返回第2个参数,否则返回第3个参数.
np.where(a > b, a, b)
```

扫一扫观看串讲视频

第 5 章

数据规整之 Pandas 入门

Pandas 是基于 NumPy 开发的数据分析库，已经成为 Python 核心数据分析支持库，提供了快速、灵活、明确的数据结构，旨在简单、直观地处理关系型和标记型数据。Pandas 添加了 Series 和 DataFrame 两个数据对象，提供了高效操作大型数据集的工具。Pandas 提供了大量快速处理数据的函数和方法，长远目标是成为最强大、最灵活、可以支持任何语言的开源数据分析工具。目前，越来越多的人在 Pandas 的基础上构建包，以满足数据准备、分析和可视化方面的特定需求。这意味着 Pandas 不仅能帮助用户处理数据任务，而且为开发人员提供了一个更好的起点，可以用来构建功能强大和更有针对性的数据工具。

Pandas 通过 Series（一维数据）与 DataFrame（二维数据）这两种数据结构足以处理金融、统计、社会科学和工程等领域中的大多数典型用例。本章及后续章节会介绍 Pandas 常用的操作方法、数据的索引与选取、数据集的合并与连接，读取文本文件（CSV 等支持分隔符的文件）、Excel 文件和数据库等来源的数据，数据分组、聚合和时间序列等高级操作。

5.1 Pandas 中的数据对象

下面通过 Series 和 DataFrame 两个数据对象的介绍开始 Pandas 的学习之旅。本节介绍这两个对象的基本概念和常用属性。Series 是具有索引的一维矢量；而 DataFrame 是行和列具有标签的表格，它与 Excel 及 MySQL 数据表相似，DataFrame 的每一列都是一个 Series。Pandas 对 Series 和 DataFrame 的处理方式是相似的，当处理一维或者二维表格数据时，使用这两个对象极为方便。

5.1.1 Series 对象

1. Series 原理

Series 是 Pandas 中的基本对象，在 NumPy 的 ndarray 基础上进行扩展。Series 支持下标存取元素和索引存取元素。每个 Series 对象都由两个数组组成。

2. index 原理

index 是索引对象，用于保存标签信息。若创建 Series 对象时不指定 index，Pandas 将自动创建一个表示位置下标的索引。

3. values 原理

values 是保存元素值的数组。

先创建一个 Series 对象，了解一下 index 和 values 属性，如以下代码所示。

```
import pandas as pd
res = pd.Series([214,38,618,1111,1212],index = ["a","b","c","d","e"])
print(res)
```

运行结果如下。

```
a    214
b     38
c    618
d   1111
e   1212
  dtype: int64
```

输出 index 和 values 属性，如以下代码所示。

```
print("索引:",res.index)
print("数组:",res.values)
```

运行结果如下。

索引: Index(['a', 'b', 'c', 'd', 'e'], dtype='object')
数组: [214   38 618 1111 1212]

当不指定 index 时索引自动生成，类型是 RangeIndex，如以下代码所示。

```
import pandas as pd
res1 = pd.Series([214,38,618,1111,1212])
print(res1)
```

运行结果如下。

```
0    214
1     38
2    618
3   1111
4   1212
  dtype: int64
```

输出 index 和 values 属性，如以下代码所示。

```
print("索引:",res1.index)
print("数组:",res1.values)
```

运行结果如下。

索引: RangeIndex(start=0, stop=5, step=1)
数组: [214   38 618 1111 1212]

Series 可以通过位置下标和标签下标两种方式读取 values，如以下代码所示。

```
print("位置下标",res[1])
print("标签下标",res["b"])
```

运行结果如下。

位置下标 38
标签下标 38

5.1.2　DataFrame 对象

DataFrame 是 Pandas 中最常用的数据对象，行和列都具有标签。可以通过字典、二维 NumPy 数组、元组或者一个 DataFrame 构造出一个新的 DataFrame。通过索引标签对数据进行存取，index 属性保存行索引，columns 属性保存列属性。

通过字典创建 DataFrame，如以下代码所示。

```
df = pd.DataFrame({"A": [1, 2, 3], "B": [4, 5,6]}, index=['a', 'b', 'c'])
print(df)
```

运行结果如下。

```
   A  B
a  1  4
b  2  5
c  3  6
```

当然也可以不指定 index，如以下代码所示。

```
df = pd.DataFrame({"int_col": [1, 2, 3],"text_col": ["a", "b", "c"],"float_col":
[0.0, 0.1, 0.2]})
print(df)
```

运行结果如下。

```
   int_col  text_col  float_col
0     1        a         0.0
1     2        b         0.1
2     3        c         0.2
```

通过数组创建 DataFrame，如以下代码所示。

```
import numpy as np
df = pd.DataFrame(np.random.randn(8, 2),  columns=['A', 'B'])
print(df)
```

运行结果如下。

```
      A          B
0  -1.643852   1.305698
1  -0.341917  -0.042434
2  -1.891228  -0.990927
3   0.316406  -0.455693
4  -0.833395  -1.646940
5   0.410450  -0.610723
6  -0.336719  -1.285998
7  -0.394810  -0.118385
```

通过元组创建 DataFrame，如以下代码所示。

```
df = pd.DataFrame([('China','USA','Canada'),('Italy','France','England')],columns=
['a','b','c'])
print(df)
```

运行结果如下。

```
     a       b        c
0  China    USA     Canada
1  Italy  France   England
```

通过 DataFrame 构建新的 DataFrame，如以下代码所示。

```
data ={'A':['A0', 'A1', 'A2'],
      'B':['B0', 'B1', 'B2'],
      'C': ['C0', 'C1', 'C2'],}
df = pd.DataFrame(data)
df = pd.DataFrame(data, index =['index0', 'index1', 'index2'])
print(df)
```

运行结果如下。

```
          A    B    C
index0    A0   B0   C0
index1    A1   B1   C1
index2    A2   B2   C2
```

通过标签索引查询数据，如以下代码所示。

```
print(df['A'])
print(df[['A','C']])
```

运行结果如下。

```
index0      A0
index1      A1
index2      A2
Name: A, dtype: object
          A    C
index0    A0   C0
index1    A1   C1
index2    A2   C2
```

通过 index 显示索引名称，如以下代码所示。

```
print(df.index)
```

运行结果如下。

```
Index(['index0', 'index1', 'index2'], dtype='object')
```

通过 columns 显示列名称，如以下代码所示。

```
print(df.columns)
```

运行结果如下。

```
Index(['A', 'B', 'C'], dtype='object')
```

index 和 columns 的位置关系如图 5-1 所示。可以明确地看出 DataFrame 的结构，每一列都是一个 Series。DataFrame 的行和列都有索引，方便对数据进行操作。

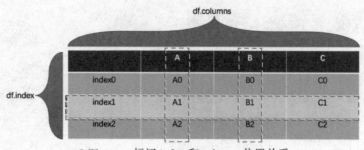

●图 5-1　标记 index 和 columns 位置关系

5.2　数据索引与选取

　　Pandas 提供了很多方式来完成对 DataFrame 的选取操作，除了直接使用 [ ] 运算符之外，还可以使用 .loc[ ]、.iloc[ ]、.at[ ] 和 .iat[ ] 等对数据进行选取。基于 DataFrame 对象进行选取操作。

　　通过字典创建 DataFrame，如以下代码所示。

```python
import pandas as pd
import numpy as np
data = {
    'Name':['张三','李四','王五'],
    'Age':[10,20,30],
    'country':['中国','日本','韩国']
}
df = pd.DataFrame(data,index=['a','b','c'])
print(df)
```

　　运行结果如下。

```
   Name  Age  country
a  张三    10    中国
b  李四    20    日本
c  王五    30    韩国
```

5.2.1　[ ]操作

　　[ ]操作是 Pandas 对 DataFrame 进行选取的最基本的操作方式，可以对 DataFrame 的列进行单列选取或多列选取，也可以在[ ]操作符中传入整数索引或标签索引以实现目标内容的选取。除了使用[ ]操作符进行单列选取的返回值类型是 Series 外，其他方式的返回值类型都是 DataFrame。

　　1. [ ]操作符通过单个列标签索引进行选取

　　使用[ ]操作符通过单个列标签索引对 DataFrame 对象进行选取，可以获取对应标签的列的内容，返回的类型是 Series。

获取 Name 列内容且作为 Series 对象进行返回，如以下代码所示。

```
print(df['Name'])
print(type(df['Name']))
```

运行结果如下。

```
a    张三
b    李四
c    王五
Name: Name, dtype: object
<class 'pandas.core.series.Series'>
```

2. [ ]操作符通过多个列标签索引进行选取

使用[]操作符通过多个列标签索引（以列表或数组形式）对 DataFrame 对象进行选取，可以获取对应标签的列内容，返回的类型是 DataFrame。

获取 Name 与 Age 列的内容且作为 DataFrame 对象进行返回，如以下代码所示。

```
print(df[['Name','Age']])
print(type(df[['Name','Age']]))
```

运行结果如下。

```
    Name   Age
a    张三    10
b    李四    20
c    王五    30
<class 'pandas.core.frame.DataFrame'>
```

3. [ ]操作符通过整数切片进行选取

使用[]操作符通过整数切片（以整数为下标）对 DataFrame 对象进行选取，可以获取对应整数切片范围对应的行，返回的类型是 DataFrame。

获取前面的两行数据，如以下代码所示。

```
print(df[0:2])
print(type(df[0:2]))
```

运行结果如下。

```
    Name   Age   country
a    张三    10     中国
b    李四    20     日本
<class 'pandas.core.frame.DataFrame'>
```

4. [ ]操作符通过标签切片进行选取

使用[]操作符通过标签切片对 DataFrame 对象进行选取，可以获取对应整数切片范围对应的行，返回的类型是 DataFrame。

获取前面的两行数据，如以下代码所示。

```
print(df['a':'b'])
print(type(df['a':'b']))
```

运行结果如下。

```
   Name  Age  country
a  张三   10    中国
b  李四   20    日本
<class 'pandas.core.frame.DataFrame'>
```

切片形式为[开始值:结束值]，通过整数切片的方式选取行数据，选取的对应行包括开始值但不包括结束值。而通过标签切片的方式选取行数据，选取的对应行包括开始值和结束值。

5. 使用［ ］操作符通过布尔数组进行选取

使用[ ]操作符通过布尔数组对 DataFrame 对象进行选取，可以获取布尔数组中值为 True 对应的行，返回的类型是 DataFrame。

获取 Age 大于 10 的行数据，如以下代码所示。

```
print(df[df.Age>10])
print(type(df[df.Age>10]))
```

运行结果如下。

```
   Name  Age  country
b  李四   20    日本
c  王五   30    韩国
<class 'pandas.core.frame.DataFrame'>
```

5.2.2 .loc［ ］与.iloc［ ］

有时对标签下标或者整数下标的使用容易混淆，所以 Pandas 提供了.loc[ ]与.iloc[ ]，以便区别标签下标和整数下标的使用。.loc[ ]是基于标签下标的操作，而.iloc[ ]是基于整数下标的操作。下标对象是元组，其中的两个元素分别与 DataFrame 的行轴和列轴相对应。每个轴的下标对象都支持单个索引、索引列表、标签或整数切片，以及布尔数组。

获取"李四"那一行的数据，返回的是 Series 类型，如以下代码所示。

```
print(df.loc['b'])
print(df.iloc[1])
```

运行结果如下。

```
Name    李四
Age     20
country 日本
Name: b, dtype: object
```

同样，获取多行或多列或某行某列，所得到的数据都是新的 DataFrame 对象，如以下代码所示。

```
print('获取 b 和 c 行数据')
print(df.loc[['b','c']])
print(df.iloc[[1,2]])
print('获取 Name 和 Age 列数据')
print(df.loc[:,['Name','Age']])
print(df.iloc[:,[0,1]])
print('获取 b 和 c 两行,Name 和 Age 两列数据')
print(df.loc[['b','c'],['Name','Age']])
print(df.iloc[[1,2],[0,1]])
```

运行结果如下。

```
获取 b 和 c 行数据
    Name  Age  country
b   李四   20    日本
c   王五   30    韩国
    Name  Age  country
b   李四   20    日本
c   王五   30    韩国
获取 Name 和 Age 列数据
    Name  Age
a   张三   10
b   李四   20
c   王五   30
    Name  Age
a   张三   10
b   李四   20
c   王五   30
获取 b 和 c 两行,Name 和 Age 两列数据
    Name  Age
b   李四   20
c   王五   30
    Name  Age
b   李四   20
c   王五   30
```

此时，无论 .loc[ ] 还是 .iloc[ ] 的下标操作，与只使用[ ]操作符的下标操作都是相同的，此处不再赘述。

此外，获取某一行某一列对应的元素，如以下代码所示。

```
print(df.loc['b','Name'])
print(df.iloc[1,0])
```

运行结果如下。

```
李四
李四
```

5.2.3　.at[ ]与.iat[ ]

.at[ ]与.iat[ ]是获取单个值，分别使用的是标签下标和整数下标进行单个值的获取。取出"李四"这个元素，如以下代码所示。

```
print(df.at['b','Name'])
print(df.iat[1,0])
```

运行结果如下。

```
李四
李四
```

5.3　Pandas 的常用方法

当获取数据之后，对数据进行操作及分析整合会涉及大量的 Pandas 方法，以下根据不同的应用情况进行了整理并分为了不同的小节，所涉及的内容都是在相应的场景下普遍使用的方法。

5.3.1　Pandas 的基本方法

进行数据操作之前，通常需要先了解数据情况，比如数据的具体填写内容、数据的类型、数据中是否有缺失值，以及数据的基本描述统计信息等。可以用 Pandas 方法来进行查看，常用的 4 种函数见表 5-1。

表 5-1　4 种函数的含义

函　　数	函　数　含　义
head(n)	返回前 n 行数据，当不对 n 进行赋值时，默认取前 5 行数据
tail(n)	返回最后 n 行数据，当不对 n 进行赋值时，默认取最后 5 行数据
info( )	查看索引、数据类型和内存信息
describe( )	查看数值型列的汇总统计

基于 DataFrame 对象，通过数组创建 DataFrame，如以下代码所示。

```
import numpy as np
df = pd.DataFrame(np.random.randn(8,2), columns=['A','B'])
print(df)
```

运行结果如下。

```
          A          B
0  -0.118948   0.560598
1   0.958349  -0.003093
2  -0.131307   0.449856
3  -1.094700   0.431745
4   0.086711  -0.090000
5  -1.066868   1.095026
6   1.896788  -1.041867
7  -0.228686   1.601673
```

当需要查看数据具体的填写内容时，无须展示所有的数据，只要查看数据的部分小样即可。

示例 1：使用 head( ) 函数获取前 3 行，如以下代码所示。

```
print(df.head(3))
```

运行结果如下。

```
          A          B
0  -0.118948   0.560598
1   0.958349  -0.003093
2  -0.131307   0.449856
```

运行结果只取了整个 df 的前 3 条数据。

示例 2：使用 tail( ) 函数获取默认 df 的后 5 行，如以下代码所示。

```
print(df.tail())
```

运行结果如下。

```
          A          B
3  -1.094700   0.431745
4   0.086711  -0.090000
5  -1.066868   1.095026
6   1.896788  -1.041867
7  -0.228686   1.601673
```

运行结果取了整个 df 的最后 5 条数据。

若要查看数据索引、列索引的类型和数据是否有空值等信息可以使用 info( ) 方法。

示例 3：使用 info( ) 函数查看索引、数据类型和内存信息，如以下代码所示。

```
print(df.info())
```

运行结果如下。

```
<class 'pandas.core.frame.DataFrame'>
RangeIndex: 8 entries, 0 to 7
Data columns (total 2 columns):
A     8 non-null float64
B     8 non-null float64
dtypes: float64(2)
memory usage: 208.0 bytes
```

df 的 RangeIndex 是 0~7，具有 2 个列索引，分别为 A 和 B，有 8 条数据，并且没有缺失值，A 和 B 的数据类型都是 float64，内存使用 208B。

若想了解整个数据集中数值类型基本的描述统计信息，可以使用 describe( )方法进行查看。

示例 4：使用 describe( )函数查看数值型列的汇总统计，如以下代码所示。

```
print(df.describe())
```

运行结果如下。

```
             A          B
count  8.000000   8.000000
mean  -0.397853  -0.043121
std    0.953744   0.780129
min   -1.553879  -1.100771
25%   -0.950965  -0.430464
50%   -0.668174  -0.091837
75%   -0.114143   0.220625
max    1.249108   1.358193
```

5.3.2　Pandas 数值运算方法

Pandas 是建立在 NumPy 基础之上的，因此 NumPy 提供的许多方法 Pandas 是可以直接使用的，不过 NumPy 主要进行矩阵相关的运算，而在实际工作中，数据基本上都存储在数据库或者 Excel 表格中，都不是以矩阵的形式存储的，所以很多操作都要借助 Pandas 来完成。一些常见的 Pandas 数值运算方法见表 5-2。

表 5-2　常见的 Pandas 数值运算方法

函　　数	函 数 含 义	函　　数	函 数 含 义
sum( )	操作指定轴的所有值求和	std( )	操作指定轴的所有值求标准差
mean( )	操作指定轴的所有值求均值	abs( )	操作所有值求绝对值
min( )	操作指定轴的所有值求最小值	cumsum( )	操作指定轴的所有值求累计总和
max( )	操作指定轴的所有值求最大值		

未指定轴，则默认轴 axis = 0。基于 DataFrame 对象进行数值运算，通过字典创建 DataFrame，如以下代码所示。

```
import pandas as pd
import numpy as np
data = {
    'one':[10,8,-6,12],
    'two':[20,22,18,18],
    'three':[15,17,16,-16]
}
df = pd.DataFrame(data,index=['a','b','c','d'])
print(df)
```

运行结果如下。

```
    one  two  three
a   10   20     15
b    8   22     17
c   -6   18     16
d   12   18    -16
```

示例 1：使用 sum( ) 函数，如以下代码所示。

```
print(df.sum())
```

运行结果如下。

```
one     24
two     78
three   32
dtype: int64
```

返回的结果保留的所有列是以操作所有行进行数值相加得到的对应列的总和。而返回类型是 Series。

指定 axis = 1 情况下的结果，如以下代码所示。

```
print(df.sum(axis=1))
```

运行结果如下。

```
a    45
b    47
c    28
d    14
dtype: int64
```

返回的结果保留的所有行是以操作所有列进行数值相加得到的对应行的总和。返回类型同样是 Series。

示例 2：使用 abs( ) 函数，如以下代码所示。

```
print(df.abs())
```

运行结果如下。

```
    one  two  three
a   10   20    15
b    8   22    17
c    6   18    16
d   12   18    16
```

abs 函数取绝对值是对每个元素进行的操作，不可指定 axis 参数。

示例 3：使用 cumsum( ) 函数，如以下代码所示。

```
print(df.cumsum())
```

运行结果如下。

```
    one  two  three
a   10   20    15
b   18   42    32
c   12   60    48
d   24   78    32
```

返回结果中，每一行都是基于上一行的值与本行值进行累加得到的结果，只有第一行是不变的。

指定 axis=1 情况下的结果，如以下代码所示。

```
print(df.cumsum(axis=1))
```

运行结果如下。

```
    one  two  three
a   10   30    45
b    8   30    47
c   -6   12    28
d   12   30    14
```

返回结果中，每一列都是基于上一列的值与本列值进行累加得到的结果，只有第一列是不变的。

5.3.3　Pandas 处理文本字符串

Serise 对象提供了许多处理字符串的方法。Pandas 通过 .str 属性就可以使用 Python 字符串函数，字符串操作函数非常多，常用的字符串操作函数见表 5-3。

表 5-3　常用的字符串操作函数

函　　数	函　数　含　义
strip( )	将字符串两侧的空格删除
split(sep)	通过指定分隔符 sep 对字符串进行切分，得到切分元素的列表
join(s)	通过指定字符 s 连接每个列表元素
replace(a,b)	将字符串中的子串 a 替换为 b
contains(s)	如果元素中包含子字符串 s，则对应元素位置返回布尔值 True，否则为 False
isnumeric( )	如果元素中所有字符均为数字，则对应元素位置返回布尔值 True，否则为 False

示例 1：使用 .strip( )函数，如以下代码所示。

```
s1=pd.Series([' 2018-08-02',' 2018-08-03 '])
s2=s1.str.strip()
print(s2)
```

运行结果如下。

```
0    2018-08-02
1    2018-08-03
dtype: object
```

示例 2：使用 .split('－')函数，如以下代码所示。

```
s3=pd.Series(['2018-08-02','2018-08-03'])
s4= s3.str.split('-')
print(s4)
```

运行结果如下。

```
0    2018-08-02
1    2018-08-03
dtype: object
```

示例 3：使用 .join('／')函数，如以下代码所示。

```
s5=pd.Series([['2018', '08', '02'],['2018', '08', '03']])
s6=s5.str.join('/')
print(s6)
```

运行结果如下。

```
0    2018/08/02
1    2018/08/03
dtype: object
```

示例 4：使用 replace('－','／')函数，如以下代码所示。

```
s7=pd.Series(['2018-08-02','2018-08-03'])
s8=s7.str.replace('-','/')
print(s8)
```

运行结果如下。

```
0    2018/08/02
1    2018/08/03
dtype: object
```

示例 5：使用 contains（'03'）函数，如以下代码所示。

```
s9=pd.Series(['2018-08-02','2018-08-03'])
s10=s9.str.contains('03')
print(s10)
```

运行结果如下。

```
0    False
1     True
dtype: bool
```

示例 6：使用 isnumeric（）函数，如以下代码所示。

```
s11=pd.Series(['20180802','2018-08-03'])
s12=s11.str.isnumeric()
print(s12)
```

运行结果如下。

```
0     True
1    False
dtype: bool
```

5.3.4　Pandas 的合并与连接

使用 Series 或 DataFrame 时，需要的数据可能存在于多个 DataFrame 中，因此需要将多个 DataFrame 根据数据表之间的关系进行整合，再对整合后的数据进行下一步操作。Pandas 提供了这样的整合操作。

DataFrame 的合并类似于数据库表的合并，根据相同意义的列索引，将不同的 DataFrame 合并起来，在了解 Pandas 的合并操作方法之前，有必要对合并进行更深入的理解。比如有如图 5-2 所示的两个数据表，可以通过编号将 T_A 与 T_B 两表以某种形式合并起来，得到如图 5-3 所示的数据表。这就是一个合并操作，可以认为是在某个数据表（T_A）的基础上将另一个数据表（T_B）的列内容按照相同意义的列索引（编号）进行列的补充。

表的合并会有以下 3 种情况。

1）一对一合并：左表与右表匹配的行是唯一的。

2）一对多合并：左表中的一行会与右表中的多行进行匹配，如图 5-3 所示，左表 T_A 中编号为 1001 的一行对应了右表 T_B 中编号为 1001 的两行数据。

	编号	名字	性别	职称			编号		课程
0	1001	A	男	副教授		0	1001		C++
1	1002	B	女	讲师		1	1002		计算机导论
2	1003	C	男	助教		2	1004		汇编
3	1004	D	男	教授		3	1001		数据结构
4	1005	E	女	助教		4	3001		马克思原理

	编号	名字	性别	职称	课程
0	1001	A	男	副教授	C++
1	1001	A	男	副教授	数据结构
2	1002	B	女	讲师	计算机导论
3	1003	C	男	助教	NaN
4	1004	D	男	教授	汇编
5	1005	E	女	助教	NaN

T_A　　　　　　T_B

● 图 5-2　两个数据表展示　　　　　● 图 5-3　T_A 与 T_B 数据表合并

3）多对多合并：左表与右表都有多行匹配，比如左表 T_A 中如果有多条编号为 1001 的数据，就是多对多的情况。

Pandas 会根据情况的不同进行行的复制，以不同的表为基准进行合并会产生不同的效果，稍后进行相应的说明。对于合并后产生的缺失数据的单元会使用 numpy. nans 进行插入。

Pandas 提供了 merge( )函数，用于合并操作，如以下代码所示。

```
pd.merge(left, right, how='inner', on=None, left_on=None, right_on=None, left_
index=False, right_index=False, sort=True, suffixes=('_x','_y'), copy=True, in-
dicator=False)
```

merge( )有很多参数，但常用的只有以下 6 个，只对这几个参数进行说明及示例展示。参数说明如下。

- left：进行合并的左侧 DataFrame。
- right：进行合并的右侧 DataFrame。
- on：两个 DataFrame 进行合并关联的条件列必须同时存在于左侧和右侧 DataFrame 对象中。如果未传递且 left_index 和 right_index 为 False，则 DataFrame 中列的交集将被认为是关联列。
- left_on：选取左侧 DataFrame 中作为关联条件的列。
- right_on：选取右侧 DataFrame 中作为关联条件的列。
- how：参数可选 left、right、outer 和 inner，默认为 inner。inner 是取两个 DataFrame 的交集，outer 是取两 DataFrame 的并集。left 是以左表为基表进行合并，right 是以右表为基表进行合并。

基于两个 DataFrame 进行合并，如以下代码所示。

```
import pandas as pd
import numpy as np
left=pd.DataFrame({'编号':range(1001,1006),'名字':list('ABCDE'),'性别':['男','女','男',
'男','女'],'职称':['副教授','讲师','助教','教授','助教']})
right=pd.DataFrame({'编号':[1001,1002,1004,1001,3001],'课程':['C++','计算机导论','汇
编','数据结构','马克思原理']})
```

运行结果如图 5-4 所示。

示例 1：使用参数 on 为编号，how 为 left，如以下代码所示。

```
print(pd.merge(left,right,on=['编号'],how='left'))
```

运行结果如图 5-5 所示。

● 图 5-4   left 与 right 的运行结果   ● 图 5-5   on 为编号的运行结果

在 merge( )中指定了进行合并的两个 DataFrame，它们使用的是"编号"列进行的关联，而关联方式是左关联。要得到同样的结果也可以这样操作：

```
pd.merge(left,right,left_on=['编号'],right_on=['编号'],how='left')
```

这里只是不再将参数 on 传入参数，而是改为通过 left_on 与 right_on 传入参数。可以发现通过 on 与通过 left_on 和 right_on 的作用是相同的，其实 on 是使用 left_on 和 right_on 的一种特殊情况，当左右的关联条件列的名称相同时，就可以使用 on 去代替，比如这里的关联列都是"编号"列，当两个 DataFrame 进行关联的列的名字不同时，就不能使用 on 了，要分别指定左右两个 DataFrame 的关联条件列。

示例 2：使用参数 on 为编号，how 分别为 left 和 right，如以下代码所示。

```
print(pd.merge(left,right,on=['编号'],how='left'))
print(pd.merge(left,right,on=['编号'],how='right'))
```

运行结果如图 5-6 所示。

● 图 5-6   how 为 left 和 right 的运行结果

当 how 的参数内容不同时，产生的合并结果也是不同的，接下来结合图 5-6 对 how 的参数进行逐一说明。

当 how 的参数为 left 时，就是以左表作为基准表进行合并，左表中的每条数据都必须出现在合并后的表中。但右表中的数据是否出现在结果表中，取决于右表中关联条件列的内容是否在左表中的关联条件列中出现。如果出现就会出现在结果表中，例如图 5-6 的右表中编号为 1002 的记录对应在左表中存在编号为 1002 的记录，则该记录最终会出现在结果表中，而右表中编号为 3001 的记录但左表中未出现编号为 3001 的记录，则该记录不会在最终表中出现。如果左表中存在的编号在右表中不存在，例如图 5-6 中左表编号为 1003 的记录，则会在补充上来的列中插入 NaN。

同样，当 how 参数为 right 时，就是以右表作为基准表进行合并，右表中的每条数据都会出现在最终结果中，而左表中的记录则不一定要出现在最终结果中。对于右表中存在而左表中不存在的编号，补充上来的列中插入 NaN。

再来看使用另外两个参数，运行的结果是什么情况，如以下代码所示。

```
print(pd.merge(left,right,on=['编号'],how='inner'))
print(pd.merge(left,right,on=['编号'],how='outer'))
```

运行结果如图 5-7 所示。

	编号	名字	性别	职称	课程		编号	名字	性别	职称	课程
0	1001	A	男	副教授	C++	0	1001	A	男	副教授	C++
1	1001	A	男	副教授	数据结构	1	1001	A	男	副教授	数据结构
2	1002	B	女	讲师	计算机导论	2	1002	B	女	讲师	计算机导论
3	1004	D	男	教授	汇编	3	1003	C	男	助教	NaN
						4	1004	D	男	教授	汇编
						5	1005	E	女	助教	NaN
						6	3001	NaN	NaN	NaN	马克思原理

●图 5-7 how 参数为 inner 和 outer 的运行结果

结合上面的运行结果图对 how 参数为 inner 与 outer 的不同作用进行解释。

当 how 参数为 inner 时，结果会取左右两表关联条件列同时存在的数据，表中都存在的编号记录，在结果表中就会出现相应的合并记录，若左表的数据没有在右表中出现，对于这样的记录就不会进行选择。由此对于 how 参数为 inner 的情况，不会出现由于合并导致出现 NaN 的情况。

当 how 参数为 outer 时，会将左右两表的数据都合并到结果表中，如果另外的一个表找不到与其对应的关联条件列，则相应列下补充 NaN。

通过合并操作发现，合并主要做的是在一个 DataFrame 上补充列。而要在一个 DataFrame 上补充行，就要用 Pandas 的连接操作了。

Pandas 提供了 concat() 函数，用于连接操作，如以下代码所示。

```
pd.concat(objs,axis=0,join='outer',join_axes=None,ignore_index=False,keys=None,levels=None,names=None,verify_integrity=False,copy=True)
```

concat() 的参数也有很多，但常用的只有以下两个参数，下面对这两个参数进行说明及示例展示。

参数说明如下。

● objs：需要连接的对象，通常为 list。

- axis：进行连接的方向。

由 axis 这个参数的设置可见，concat( )不仅能做行的连接补充，也能做列的连接补充，但列的补充一般都需要多个 DataFrame 之间存在关联条件的列，这样使用 merge( )即可，所以 axis 通常无须指定，默认 axis=0，即进行行的补充连接。

接下来通过示例展示 concat( )的用法及产生的效果，如以下代码所示。

```
import pandas as pd
import numpy as np
df1=pd.DataFrame({'编号':range(1001,1006),'名字':list('ABCDE'),'性别':['男','女','男',
'男','女'],'职称':['副教授','讲师','助教','教授','助教']})
df2=pd.DataFrame({'编号':range(1006,1009),'名字':list('FGH'),'性别':['男','女','男'],'职
称':['副教授','讲师','助教']})
print(df1)
print(df2)
```

运行结果如图 5-8 所示。

示例：使用 concat( )函数，如以下代码所示。

```
print(pd.concat([df1,df2]))
```

运行结果如图 5-9 所示。

	编号	名字	性别	职称
0	1001	A	男	副教授
1	1002	B	女	讲师
2	1003	C	男	助教
3	1004	D	男	教授
4	1005	E	女	助教
0	1006	F	男	副教授
1	1007	G	女	讲师
2	1008	H	男	助教

df1:

	编号	名字	性别	职称
0	1001	A	男	副教授
1	1002	B	女	讲师
2	1003	C	男	助教
3	1004	D	男	教授
4	1005	E	女	助教

df2:

	编号	名字	性别	职称
0	1006	F	男	副教授
1	1007	G	女	讲师
2	1008	H	男	助教

●图 5-8　df1 和 df2 的运行结果　　　　●图 5-9　连接后的运行结果

当然，此时行索引出现了重复。如果想要行索引是升序且不重复，该怎么做？在下一小节中会介绍如何操作。

5.3.5　Pandas 操作应用方法

使用 Pandas 来表示数据和一些基本的计算统计、字符串处理，以及合并与连接是远远不够的，正如上一小节最后遗留的行索引重复的问题，又比如数据连接后存在数据重复的问题，在经过某些操作后或者由于业务需求等原因，可能需要进行更多的操作。为了便于读者理解，通过以下示例进行知识点贯穿式讲解。

基于两个 DataFrame 进行示例，如以下代码所示。

```
import pandas as pd
import numpy as np
df1=pd.DataFrame({'姓名':list('ABCDC'),'班级':['一班','二班','一班','二班','二班'],'评分':
['评分:89','评分:91','评分:93.5','评分:99','评分:92']})
df2=pd.DataFrame({'姓名':list('CDF'),'班级':['一班','一班','二班'],'评分':['评分:93.5','评
分:91','评分:96']})
print(df1)
print(df2)
```

运行结果如图 5-10 所示。

在某个班级不存在同名的情况下，两表分别是由两种方式获取的关于各班级学生评分的信息，但各自都不是完整的。从 df1 中可以发现不同班级存在相同姓名的情况，从两个 df 去看又存在同一个班级的同一个人存在于两个 df 中。最终要将这些学生的评分做一个排名。

首先，将两个 df 进行连接，如以下代码所示。

```
df3=pd.concat([df1,df2])
print(df3)
```

运行结果如图 5-11 所示。

	df1
1	df1

	姓名	班级	评分
0	A	一班	评分:89
1	B	二班	评分:91
2	C	一班	评分:93.5
3	D	二班	评分:99
4	C	二班	评分:92

	df2
1	df2

	姓名	班级	评分
0	C	一班	评分:93.5
1	D	一班	评分:91
2	F	二班	评分:96

● 图 5-10　df1 和 df2 的运行结果

	姓名	班级	评分
0	A	一班	评分:89
1	B	二班	评分:91
2	C	一班	评分:93.5
3	D	二班	评分:99
4	C	二班	评分:92
0	C	一班	评分:93.5
1	D	一班	评分:91
2	F	二班	评分:96

● 图 5-11　使用 concat 查看学生排名

一班姓名为 C 的数据出现了重复，需要进行去重操作。在 Pandas 中去重操作的方法为 drop_duplicates( )。

去重操作根据数据的不同情况及处理数据的不同需求分为两种情况，一种是删除完全重复的行数据，另一种是指定某几列认定为重复行的依据去删除重复的行数据。

去除完全重复的行数据，如以下代码所示。

```
df4=df3.drop_duplicates(inplace=False)
print(df4)
```

运行结果如图 5-12 所示。
对比原来的 df3，图 5-13 框选中的重复行已经不存在。

	姓名	班级	评分
0	A	一班	评分:89
1	B	二班	评分:91
2	C	一班	评分:93.5
3	D	二班	评分:99
4	C	二班	评分:92
1	D	一班	评分:91
2	F	二班	评分:96

●图 5-12　删除重复值

	姓名	班级	评分
0	A	一班	评分:89
1	B	二班	评分:91
2	C	一班	评分:93.5
3	D	二班	评分:99
4	C	二班	评分:92
0	C	一班	评分:93.5
1	D	一班	评分:91
2	F	二班	评分:96

●图 5-13　查看已删除内容

drop_duplicates( )的参数如下。

- inplcae：{True,False}，默认为 False。表示是否直接在原数据上删除重复项或删除重复项后返回副本。False 表示不在原数据上删除重复项，而是返回一个删除重复项的副本。设为 False，则返回了一个删除重复项的副本 df4。
- keep：{first，last，False}，默认值为 first。表示保留重复行中的哪些行，删除重复行中的哪些行。当为 first 时，表示保留重复行中第一行，后面的重复行进行删除；当为 last 时，表示保留重复行中最后一行，前面的重复行进行删除；当为 False 时，表示将重复行都删除，不保留任意一行。若没有指定 keep，则默认为 first，对于重复行一班 C 索引为 2 的第一次出现，进行保留，对后面索引为 0 的一班 C 进行了删除。
- subset：列名，可选，默认为 None。

指定了 subset，就是指使用第二种去重方法，指定某列进行重复行的判断。根据姓名是否相同判断是否为重复数据，并不考虑班级是否相同，在原来的 df3 中有 3 行重复记录，进行去重，如以下代码所示。

```
df5 = df3.drop_duplicates(subset = ['姓名'],keep='first',inplace=False)
print(df5)
```

运行结果如图 5-14 所示。

对于姓名为 D 的数据也已经根据姓名进行了去重。

去重完毕，接下来可以根据评分进行降序排序，但是评分里面的数据除了分数之外还有其他字符，需要将其他字符删除或者只保留分数，到这里，至少应该想到 Pandas 处理文本字符串的一些内容。

评分下的数据具有一定的规则，即使用 "：" 将 "评分" 与分数进行分隔。可以尝试使用 split( ) 函数进行处理，如以下代码所示。

	姓名	班级	评分
0	A	一班	评分:89
1	B	二班	评分:91
2	C	一班	评分:93.5
3	D	二班	评分:99
2	F	二班	评分:96

●图 5-14　删除姓名相同忽略班级相同的数据

```
print(df4['评分'].str.split(':'))
```

运行结果如下。

```
0     [评分, 89]
1     [评分, 91]
2     [评分, 93.5]
3     [评分, 99]
4     [评分, 92]
1     [评分, 91]
2     [评分, 96]
Name: 评分, dtype: object
```

可以取 list 中的下标为 1 的元素，这样对应的分数就可以拿到了。尝试一下这样操作，如以下代码所示。

```
print(df4['评分'].str.split(':')[1])
```

运行结果如下。

```
1     [评分, 91]
1     [评分, 91]
Name: 评分, dtype: object
```

很明显，结果不符合预期，这里它取到了行索引为 1 对应的记录。要想实现以上的想法，可以使用 apply( ) 函数。apply( ) 函数可以作用于 Series 或者整个 DataFrame，功能也是自动遍历整个 Series 或者 DataFrame，对每一个元素运行指定的函数，如以下代码所示。

```
print(df4['评分'].apply(lambda x:float(x.split(':')[1])))
```

运行结果如下。

```
0     89
1     91
2     93.5
3     99
4     92
1     91
2     96
Name: 评分, dtype: object
```

这样就实现了前面的逻辑想法。通常在 apply( ) 函数里使用 lambda 表达式，代码中的 x 指的是 df4['评分'] 中的每一行元素，会对每一行元素执行相同的操作，当使用 split 按照 ":" 进行分割后，取分割结果 list 中下标为 1 的元素，即为想要的分数。在得到分数后，将其类型设置为 float 类型，以便后面进行排序。既然如此，可以将 df4 原来的评分列进行替换，如以下代码所示。

```
df4['评分']=df4['评分'].apply(lambda x:float(x.split(':')[1]))
print(df4)
```

运行结果如图 5-15 所示。

此时的评分已经只是数字，接下来就根据评分进行排序。在 Pandas 中通常使用 sort_values()方法进行排序操作，常用的参数只有两个。① by：指定要排序的列名或索引值。② ascending：{True,False}，默认为 True，指定排序的方式，True 代表升序。同样也可以指定 inplace。

对于以上示例，要以评分作为排序的列，排序形式为降序，如以下代码所示。

```
df4.sort_values(by='评分',ascending=False,inplace=True)
print(df4)
```

运行结果如图 5-16 所示。

	姓名	班级	评分
0	A	一班	89
1	B	二班	91
2	C	一班	93.5
3	D	二班	99
4	C	二班	92
1	D	一班	91
2	F	二班	96

	姓名	班级	评分
3	D	二班	99.0
2	F	二班	96.0
2	C	一班	93.5
4	C	二班	92.0
1	B	二班	91.0
1	D	一班	91.0
0	A	一班	89.0

●图 5-15　替换评分列值　　　　●图 5-16　评分降序排序

在原有的基础上进行代码优化，对于行索引重复、顺序不一的这种情况会在进行 DataFrame 连接时经常碰到，通常的处理方式是，重新设置行索引。可以使用 reset_index() 方法，如以下代码所示。

```
print(df4.reset_index())
```

运行结果如图 5-17 所示。

可以看到，此时行索引已经调整，但是多出一个 index 列，将它进行删除可以使用 drop()方法，如以下代码所示。

```
print(df4.reset_index().drop('index',axis=1))
```

运行结果如图 5-18 所示。

	index	姓名	班级	评分
0	3	D	二班	99.0
1	2	F	二班	96.0
2	2	C	一班	93.5
3	4	C	二班	92.0
4	1	B	二班	91.0
5	1	D	一班	91.0
6	0	A	一班	89.0

	姓名	班级	评分
0	D	二班	99.0
1	F	二班	96.0
2	C	一班	93.5
3	C	二班	92.0
4	B	二班	91.0
5	D	一班	91.0
6	A	一班	89.0

●图 5-17　重新设置行索引　　　　●图 5-18　删除多余 index 列

在 drop( ) 中需要传入要删除的索引以及操作的轴的方向。这里只是为了展示一下 drop( ) 这个方法，其实完全没有这么复杂，只需要在 reset_index( ) 函数上设置一个参数 drop = True，即可完成同样的效果，如以下代码所示。

```
df5 = df4.reset_index(drop = True)
print(df5)
```

有时需要对列名进行一定的调整，比如需要将示例的列名都改为相应的英文名称，通常使用 rename( ) 函数进行修改，如以下代码所示。

```
df5.rename({'姓名':'Name','班级':'Class','评分':'Score'},inplace = True,axis = 1)
print(df5)
```

运行结果如图 5-19 所示。

进行列名调整，需要传入字典，字典中的 key 与 value 分别对应要改的列名和改后的列名，指定操作的轴 axis = 1。

本节介绍了 Pandas 去重操作方法 drop_duplicates( ) 函数、作用于每行或每列元素操作的方法 apply( ) 函数、进行排序的方法 sort_values( ) 函数、重置索引方法 reset _index( ) 函数、删除方法 drop( ) 函数和索引重命名方法 rename( ) 函数。更多高级的操作方法，在后面的章节中会继续学习。

	Name	Class	Score
0	D	二班	99.0
1	F	二班	96.0
2	C	一班	93.5
3	C	二班	92.0
4	B	二班	91.0
5	D	一班	91.0
6	A	一班	89.0

●图 5-19 rename 修改列名

第 **6** 章

数据加载

　　随着互联网的高速发展，产生的数据体量成指数级增长，伴随着 DT 时代的来临，数据存储的形式越来越多样、数据存储的体量越来越庞大。面对着各种存储形式的数据，如 txt、CSV、Excel、JSON 和 SQL 等，这些数据如何存储、如何读取，以及如何写入，都是数据加载过程中经常遇到的问题。本章从数据存储的形式开始，分别介绍数据读取与写入常用的方法及工具。

6.1　txt 文件的读写操作

txt 文件是最常见的、也是用户接触最早的一种文件格式，主要存储文本信息，广泛应用于 Windows、macOS 及 Linux 等操作系统。

txt 文件格式体积小、存储简单方便，此格式在计算机和移动设备上通用。但是存储内容单一，只能存储文字。在不同平台下可能会出现乱码，无法显示，需要进行转换。

txt 文件格式有如下几种编码：ANSI、Unicode 和 UTF-8。可能数据加载时，并不能确定 txt 文件格式的编码，按照正常读取文件有时会产生错误乱码，这就需要在文件加载时进行相应的处理。本章会针对 Windows 与 macOS 平台下不同的编码格式文件进行操作与处理。

6.1.1　读取 txt 文件内容

Python 语言中，内置了相应的函数方法对 txt 文件进行加载。对 Python 基础语法了解的读者应该接触过文件操作的 open( ) 函数。下面通过 open( ) 函数打开第一个 txt 文件。

示例 1：在 data 文件夹内，创建名为"text1. txt"的文件，在该文件中写入"hello world!"，如图 6-1 所示。

文件创建完毕之后，通过 Python 语言来读取该文件内容如以下代码所示。

```
f = open(r'data/text1.txt','r')
res = f.read()
f.close()
print(res)
```

运行结果如图 6-2 所示。

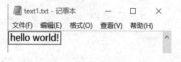

●图 6-1　text1. txt 文件内容　　　●图 6-2　读取 text1. txt 文件的结果

通过 Python 语言已经将"text1. txt"文件中的内容"hello world!"读取出来了。

示例 2：读取"text2. txt"文件，在 data 文件夹内，创建名为"text2. txt"的文件，在该文件中写入"hello world! hello Python!"，如图 6-3 所示。

文件创建完毕之后，通过 Python 语言来读取该文件内容，如以下代码所示。

```
f = open(r'data/text2.txt','r')
res = f.read()
print(res)
```

运行结果如图 6-4 所示。

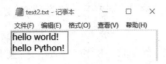

hello world!
hello Python!

● 图 6-3　text2. txt 文件内容　　● 图 6-4　读取 text2. txt 文件的结果

在打印的 res 结果中，会存在相应的换行符 \n，而通过
print( ) 函数打印出来时，会按照 \n 的语义将内容放在两
行里。

示例 3：读取带有中文内容的 txt 文件。在 data 文件夹

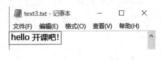

● 图 6-5　text3. txt 文件内容

内，创建名为"text3. txt"的文件，在该文件中写入"hello 开课吧!"，如图 6-5 所示。
文件创建完毕之后，通过 Python 语言来读取该文件内容，如以下代码所示。

```
f = open(r'data/text3.txt','r')
res = f.read()
f.close()
print(res)
```

运行结果如图 6-6 所示。

```
UnicodeDecodeError                    Traceback (most recent call last)
<ipython-input-8-5ca7a4c0bd22> in <module>
      1 f = open('data/text3.txt','r')
      2
----> 3 res = f.read()
      4
      5 f.close()

UnicodeDecodeError: 'gbk' codec can't decode byte 0x80 in position 8: illegal multibyte sequence
```

● 图 6-6　读取 text3. txt 文件的结果

此时编辑器抛出了 UnicodeDecodeError 的错误，告知文件的编码有误，不能读取。这
其中就涉及了文件的编码格式，text3. txt 文件的编码格式是 UTF-8，但是文件内容中的
汉字"开课吧"的编码格式是 GBK（在简体中文 Windows 操作系统中，ANSI 编码代
表 GBK 编码），因此通过之前的方式并不能完整读取文件的内容，在读取文件时需要
指定相应的文件编码格式的参数，如修改文件编码为 encoding = 'UTF-8'，如以下代码
所示。

```
f = open(r'data/text3.txt','r',encoding='UTF-8')
res = f.read()
f.close()
print(res)
```

运行结果如图 6-7 所示。下面对以上代码进行详细介绍。

1）open( ) 是打开文件的方法。在该方法中需要填入
相应的参数。

Out[13]: 'hello 开课吧!'

● 图 6-7　读取 text3. txt 文件的结果

2）'data/text3. txt' 为路径/文件名，此代码中为相对
路径。

3）'r' 为只读模式，默认为打开文本，确切来说是打开已经存在的文本，如果文件不存在将会报错。

4）encoding 为编码格式，常用的编码格式有 UTF-8 和 ANSI，在文件读取时，需要根据读取的文件进行设置。

5）read( )是读取文件内容。

6）close( )是关闭文件，如果读取文件内容结束后不关闭文件，会使得文件不能被修改。

如果有读者想要了解更多内容，可以查阅 Python 的官方文档，或者使用 help( ) 函数进行查看。help( ) 函数可以查看帮助文档，help(open) 可查看 open 函数中的说明。

6.1.2　with 与 readlines( )

在使用 open( )函数方法打开文件读取文件内容时，如果不关闭文件，将无法对该文件进行修改。当打开文件并写入文件内容后，不关闭文件会造成写入的内容不能保存。

这是 open( )函数方法带来的问题，需要进行优化。在 Python 语言中，提供了 with 与 open( )函数方法搭配使用，帮助解决相应的问题。

示例：打开 data 文件夹目录下创建的 "text1. txt" 文件，如以下代码所示。

```
with open(r'data/text1.txt','r') as f:
  res = f.read()
print(res)
```

运行结果如图 6-8 所示。

通过 with 与 open( )函数搭配使用无须再去书写 close( ) 函数方法，使用更加简单。f 只是为打开文件起的名字，读者可以用其他名称进行尝试，满足变量名的命名要求即可，在书写 res = f. read( )方法时需要进行缩进。

`Out[6]: 'hello world!'`

● 图 6-8　读取 text1. txt 文件的结果

另一个与 open( )搭配使用的方法是 readlines( )。当通过 read( )函数方法来读取文件内容时，read( )函数方法会一次性将文件中的内容全部读取出来。如果这个文件有 10G，计算机内容就会溢出了，需要反复调用 read( )函数方法来读取文件内容，可以在 read( )函数方法中设置 size 参数，用来限制每次读取内容的字节数。

可以使用 readlines( )方法，将读取到的文件内容按行存储在 list 中，如以下代码所示。

```
with open(r'data/text2.txt','r') as f:
  for line in f.readlines():
      print(line.strip())    #把末尾的'\n'删掉
```

运行结果如图 6-8 所示。

在文件体积比较小时，可以使用 read( )函数一次性读取。比较大时，反复执行 read(size)方法循环读取。读

```
hello world!
hello Python!
```

● 图 6-8　读取 text2. txt 文件的结果

取有结构的文件时，使用 readlines( )方法读取。无论使用哪种方法读取文件内容，都应该使用 with 与 open( )搭配打开文件。

6.1.3 写入 txt 文件内容

写入 txt 文件内容的操作与读取操作很相似，依旧是通过 open( )函数方法打开文件，接下来写入文件内容，最后将文件关闭。但是写入 txt 文件内容需要使用的是 write( )方法。

示例：在"text4. txt"文件中写入"hello KKB"内容，如以下代码所示。

```
with open(r 'data/text4.txt','w') as f:
    f.write('hello KKB')
```

运行结果如图 6-9。

可以一次写入多行文本。在"text5. txt"文件中写入"hello KKB\nhello kaikeba\n"内容，如以下代码所示。

```
with open(r 'data/text5.txt','w') as f:
    f.write('hello KKB\nhello kaikeba\n')
```

运行结果如图 6-10 所示。

● 图 6-9　写入 text4. txt 文件的结果

● 图 6-10　写入 text5. txt 文件的结果

使用 writelines( )方法一次性写入，如以下代码所示。

```
with open(r 'data/text6.txt','w') as f:
    text = ['hello world\n','hello Python\n','hello KKB\n']
    f.writelines(text)
```

运行结果如图 6-11 所示。

通过 writelines( )方法写入与之前 write( )方法的效果一致。

当使用 write( )函数进行文件内容写入时，open( )函数就会以文本写入的方式打开所对应的文件，得到文件对象。若当前目录下不存在该文件，Python 会自动创建该文件，然后写入文件内容。若目录下存在该文件，write( )函数就会直接写入文件内容。但是如果该文件已经存在并且文件中已有内容时，需要小心使用 write( )函数。

在 data 文件夹内，创建名为"text7. txt"的文件，在该文件写入"驭风少年"，如图 6-12 所示。

 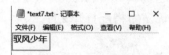

● 图 6-11　写入 text6. txt 文件结果　　　　　● 图 6-12　text7. txt 文件

文件创建完毕之后，通过 write( )方法将"hello huike"写入"text7. txt"文件中，如以下代码所示。

```
with open(r 'data/text7.txt','w') as f:
    f.write('hello huike')
```

运行结果如图 6-13 所示。

可见"驭风少年"内容被替换成了"hello huike"，在 open('data/text7. txt','w')函数中，'w'参数意为写入，会将文件原有的内容进行覆盖。如果不需要将文件内容覆盖，需要在原有内容后面写入，那就需要使用'a'追加模式。

使用'a'追加模式进行写入，如以下代码所示。

```
with open(r'data/text7.txt','a') as f:
    f.write('hello huike')
```

运行结果如图 6-14 所示。

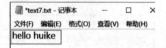 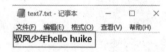

● 图 6-13　写入 text7. txt 文件的结果　　● 图 6-14　追加模式写入 text7. txt 文件的结果

此时"hello huike"已经放在了"驭风少年"后面，这就是'a'追加模式的作用。常见的文件打开模式见表 6-1。

表 6-1　常见的文件打开模式

模　　式	操　　作	文 件 内 容
r	只读	只读默认模式
w	只写	在原文件写，覆盖之前内容
a	只写	不覆盖原文件内容，末尾追加
wb	写入	以二进制形式写入，保存图片时使用
r+	读写	不覆盖源文件内容，末尾追加
w+	读写	在原文件写，覆盖之前内容
a+	读写	不覆盖源文件内容，末尾追加

读写 txt 文件的步骤、文件编码问题及常见文件模式如图 6-15 所示。

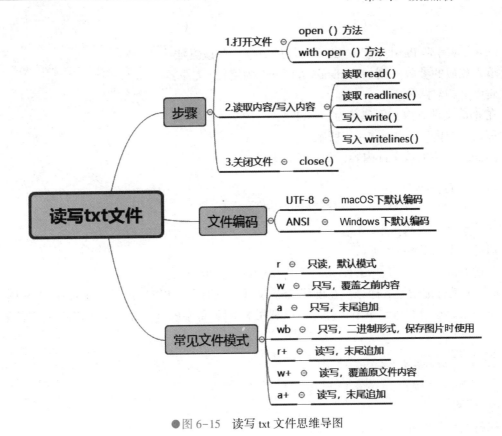

●图 6-15　读写 txt 文件思维导图

6.2　CSV 文件的读写操作

CSV（Comma-Separated Values），中文名译为逗号分隔值，或字符分隔值（因分隔符可以不是逗号，而是其他字符）。CSV 文件以纯文本形式存储数据。CSV 文件由任意数目的记录（行）组成，记录间以某种换行符分隔；每条记录由字段（列）组成，字段之间使用逗号或其他字符分割开。

CSV 文件结构简单，和 txt 文件差别不大。由记录与字段组成，功能比 txt 强大，而且文件体积不大。但是存储内容单一，只能存储文字，文件存储的内容有限。

CSV 文件格式与 txt 一样，有如下几种编码：ANSI、Unicode 和 UTF-8。在数据加载时，可以根据需要进行相应的处理。

6.2.1　读取 CSV 文件内容

Python 语言中，内置了相应的模块方法对 CSV 文件进行加载，本节不再使用内置模块进行 CSV 文件读取，采用 Pandas（如有对内置模块进行 CSV 文件读取感兴趣的读者请阅读官方文档）。Pandas 读取 CSV 文件的运行效率比内置模块更高、使用方法也比内置模块更简便。

read_csv( )是 Pandas 读取 CSV 文件的方法，在该方法中需要填入相应的参数。例如，'data/csv1.csv' 为路径/文件名，此代码中为相对路径。

在 data 文件夹内，创建名为 "csv1.csv" 的文件，在该文件中写入相应内容，如图 6-16 所示。

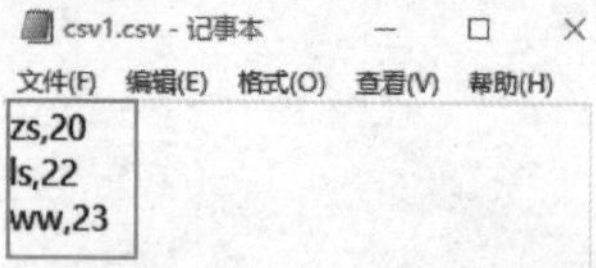

● 图 6-16　csv1.csv 文件

Pandas 来读取该文件内容，如以下代码所示。

```python
import pandas as pd
df = pd.read_csv(r"data/csv1.csv")
print(df)
```

运行结果如图 6-17 所示。

通过 Pandas 已经将 "csv1.csv" 文件中的内容读取出来。

0 与 1 是行记录的下标号。在创建 CSV 文件时没有设置相应的字段，Pandas 无法读取，所以第一行数据没有行纪录下标号。可以利用 Pandas 将字段进行设置，指定 CSV 文件的字段，如以下代码所示。

```python
import pandas as pd
df = pd.read_csv(r "data/csv1.csv",names=['name','age'])
print(df)
```

运行结果如图 6-18 所示。

```
        zs  20
    0   ls  22
    1   ww  23
```

```
      name  age
  0    zs    20
  1    ls    22
  2    ww    23
```

● 图 6-17　读取 csv1.csv 文件的结果　　● 图 6-18　设置字段后 csv1.csv 文件的结果

3 行内容已经添加 0、1、2 的索引。CSV 文件中默认设置了字段，如果在编写 CSV 文件时不设置字段会将第一行数据当成默认字段。通过 Pandas 读取时，把 zs 与 20 当成字段处理。通过 names=['name','age'] 设置，为第一、第二列的数据设置字段'name'与'age'。

Pandas 会为数据默认添加索引列，即 0、1、2。index_col 可以用来指定相应的索引列，即字段名或者字段列表中的下标。指定 CSV 文件的索引列，例如，zs、ls、ww 作为索引列，如以下代码所示。

```python
import pandas as pd
df = pd.read_csv(r "data/csv1.csv",names=['name','age'],index_col='name')
print(df)
```

运行结果如图 6-19 所示。

可以使用 index_col=0 来定义索引列，如以下代码所示。

```python
import pandas as pd
df = pd.read_csv(r "data/csv1.csv",names=['name','age'],index_col=0)
print(df)
```

运行结果如图 6-20 所示。

```
        age                             age
name                            name
zs       20                     zs       20
1s       22                     1s       22
ww       23                     ww       23
```

●图 6-19 index_col ='name' 设置索引列   ●图 6-20 index_col =0 设置索引列
　　　csv1.csv 文件的结果　　　　　　　　　　　csv1.csv 文件的结果

1）指定索引列时，通过指定 index_col 参数来设置，index_col ='name'即为将字段名为'name'的列作为索引列。

2）而 index_col =0 为获取 names =['name','age'] 中的第 0 号元素，其值为'name'，即为将字段为'name'的列作为索引列。

3）usecols 是获取指定列，该参数为列表形式，列表中的内容是字符串类型或者列表下标。

指定取出的数据列，获取'name'这一列的数据，如以下代码所示。

```
mport pandas as pd
df = pd.read_csv(r "data/csv1.csv",names =['name','age'],usecols =['name'])
print(df)
```

运行结果如图 6-21 所示。
获取下标为[0]的数据列，如以下代码所示。

```
import pandas as pd
df = pd.read_csv(r "data/csv1.csv",names =['name','age'],usecols =[0])
print(df)
```

运行结果如图 6-22 所示。

```
      name                           name
0     zs                        0    zs
1     1s                        1    1s
2     ww                        2    ww
```

●图 6-21 获取 name 指定索引列   ●图 6-22 获取下标为[0]指定索引列
　　　csv1.csv 文件的结果　　　　　　　　　csv1.csv 文件的结果

获取指定索引列时，通过指定 usecols 参数来设置，usecols =['name'] 即为取出字段为'name'的列；而 usecols =[0] 为取出字段 names =['name','age'] 中的第 0 号元素，其值为'name'，即为取出字段为'name'的列。

6.2.2 写入 CSV 文件内容

写入 CSV 文件内容的操作需要构造好写入的内容，之后使用 Pandas 中相应的写入方法进行操作。

to_csv()是 Pandas 写入 CSV 文件的方法。在该方法中需要填入相应的参数；index 为数据索引列，默认存在数据索引列，None 为不存在索引列；columns 为指定写入的列，列表形式，可以选择部分列。

在 "csv2.csv" 文件中写入相应的内容，如以下代码所示。

```
import pandas as pd
#1.生成数据,字典形式
data = {'City':['bj','sh','sz'],'Money':[21345,22098,20985] }
#2.将数据转化为 DataFrame 形式
df = pd.DataFrame(data)
#3.在 data 文件夹下写入 CSV 文件
df.to_csv(r'data/csv2.csv')
```

运行结果如图 6-23 所示。

当有多个数据需要多次写入 CSV 文件时，需要指定写入模式。在 "csv2.csv" 文件中写入相应的内容，如以下代码所示。

mode 可以指定写入模式，默认模式为'w'只写模式，'a'为追加模式。

```
import pandas as pd
#1.生成数据,字典形式
data = {'City':['bj','sh','sz'],'Money':[21345,22098,20985] }
#2.将数据转化为 DataFrame 形式
df = pd.DataFrame(data)
#3.写入 CSV 文件
df.to_csv(r'data/csv3.csv')
#4.生成新数据,字典形式
data1 = {'City':['cd','cq'],'Money':[12465,16553] }
#5.将数据转化为 DataFrame 形式
df1 = pd.DataFrame(data1)
#6.写入 CSV 文件
df1.to_csv(r'data/csv3.csv',mode='a')
```

运行结果如图 6-24 所示。

● 图 6-23　写入 csv2.csv 文件的结果　　● 图 6-24　写入 csv3.csv 文件的结果

在写入 data 数据时，由于是第一次写入数据不需指定模式；而在第二次写入时，csv3.csv 文件中已经存在了 data 数据，需要指定相应的写入模式为'a'追加模式。

header 为是否保留数据字段，True 为保留数据字段，False 为不保留数据字段。

第二次写入 data 数据时，写入'City'与'Money'字段，因整个数据列的数据特征相同，没有必须重复写入字段。通过设置 header 参数来控制字段的二次写入，如以下代码所示。

```
import pandas as pd
#1.生成数据,字典形式
data = {'City':['bj','sh','sz'],'Money':[21345,22098,20985] }
#2.将数据转化为 Dataframe 形式
df = pd.DataFrame(data)
#3.写入 CSV 文件
df.to_csv(r'data/csv3.csv')
#4.生成新数据,字典形式
data1 = {'City':['cd','cq'],'Money':[12465,16553] }
#5.将数据转化为 Dataframe 形式
df1 = pd.DataFrame(data1)
#6.写入 CSV 文件
df1.to_csv(r'data/csv3.csv',mode='a',header=False)
```

运行结果如图 6-25 所示。

观察写入文件的结果，文件中的索引列按照分次写入的数据进行索引，可以通过设置 index=None 参数将索引列舍弃，如以下代码所示。

```
import pandas as pd
#1.生成数据,字典形式
data = {'City':['bj','sh','sz'],'Money':[21345,22098,20985] }
#2.将数据转化为 Dataframe 形式
df = pd.DataFrame(data)
#3.写入 CSV 文件
df.to_csv(r'data/csv3.csv',index=None)
#4.生成新数据,字典形式
data1 = {'City':['cd','cq'],'Money':[12465,16553] }
#5.将数据转化为 Dataframe 形式
df1 = pd.DataFrame(data1)
#6.写入 CSV 文件
df1.to_csv(r'data/csv3.csv',mode='a',header=False,index=None)
```

运行结果如图 6-26 所示。

●图 6-25　header=False 写入 csv3.csv　　　●图 6-26　index=None 写入 csv3.csv
　　　　　文件的结果　　　　　　　　　　　　　　　　　文件的结果

设置参数 index=None，需要在两次写入 CSV 文件时都进行设置。

读写 CSV 文件的 read_csv( ) 和 to_csv( ) 方法如图 6-27 所示。

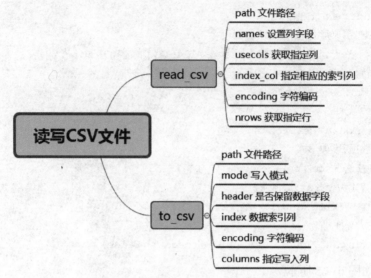

●图 6-27   读写 CSV 文件思维导图

6.3   Excel 文件的读写操作

Excel 是 Microsoft 推出的一款电子表格软件（本节只讲述 Excel 数据的读取，后面所有提及的 Excel 操作都以 Microsoft 推出的为准），在这款软件中可以存储数字、文本和照片等数据。Excel 文件由任意数目的记录（行）组成，每条记录由字段（列）组成。Excel 文件的类型按照程序版本的不同分为 .xls 类型和 .xlsx 类型。

.xls 类型是 Microsoft Office Excel 2007 之前版本（不含 2007）默认保存的文件类型。.xlsx 类型是 Microsoft Office Excel 2007 之后版本（含 2007）默认保存的文件类型。

Excel 文件由记录与字段组成，文件结构比较规整。存储的数据种类比 CSV 多，同一个 Excel 文件可以存多个表。但是 Excel 存储的内容多时，处理效率比较低，存储的数据最多约 104 万行。

Excel 文件格式与 CSV 文件一样，有如下几种编码：ANSI、Unicode 和 UTF-8。在数据加载时，可以根据需要进行相应的处理。Excel 被很多中小企业作为存储数据、处理数据和分析数据的载体。本节详解对 Excel 文件进行读写操作。

6.3.1   读取 Excel 文件内容

Python 语言中，自带 xlrd 和 xlwt 模块对 Excel 文件进行读写操作，由于用户使用 xlrd 和 xlwt 进行数据分析反映并不友好，因此本节中不讲述如何使用 xlrd 和 xlwt 操作 Excel 文件。使用 Pandas 操作 Excel 文件进行读写操作，Pandas 读写 Excel 文件的优点在于运行效率更高、使用方法更简便。

1）read_excel( )为 Pandas 读取 Excel 文件的方法。在该方法中需要填入相应的参数。

2）'data/excel1. xlsx'为路径/文件名，此代码中为相对路径。

3）sheet_name ='students'为读取的分表名，可以写分表名，也可以写位置下标。

4）index_col 为指定相应的索引列，为字段名或者字段列表中的下标。

5）usecols 为获取指定列，该参数为列表形式，列表中的内容为字符串类型或者列表下标。

6）names 为设置列字段，该参数为列表形式，列表中的内容为字符串类型。

7）header 为用哪一行做字段名。

8）nrows 为指定获取的行数，nrows =2，即为获取前两行数据。

9）skiprows 为跳过特定行，skipfooter 跳过末尾 n 行。

在 data 文件夹内，创建名为"excel1. xlsx"的文件，写入相应内容，如图 6-28 所示。
文件创建完毕之后，通过 Pandas 来读取该文件内容，如以下代码所示。

```
import pandas as pd
df = pd.read_excel(r'data/excel1.xlsx')
print(df)
```

运行结果如图 6-29 所示。

```
            user  age  country
0          LiLei   16    China
1       HanMeiMei   17    China
2           Lucy   15  America
3           LiLy   15  America
4          Sandy   18  England
```

● 图 6-28　excel1. xlsx 文件　　　　● 图 6-29　读取 excel1. xlsx 文件的结果

通过 Pandas 已经将"excel1. xlsx"文件中的内容读取出来。Pandas 读取 Excel 文件的结果和 Pandas 读取 CSV 文件的结果相似。Excel 文件与 CSV 文件存储的结构类似，CSV 文件可以通过 Microsoft Office Excel 软件打开，在某种程度上，CSV 文件与 Excel 文件两者是可以互相转化的。但是 Pandas 在读取 Excel 文件时还是与 CSV 文件有些不同。

在"excel1. xlsx"文件中创建第二个 sheet 表，命名为"students"，创建内容如图 6-30 所示。

文件创建完毕之后，通过 Pandas 来读取"students"中的内容，Pandas 读取'xls'类型的 Excel 文件也是使用 read_excel( )方法。

```
import pandas as pd
df = pd.read_excel(r'data/excel1.xlsx',sheet_name=1)
print(df)
```

运行结果如图 6-31 所示。

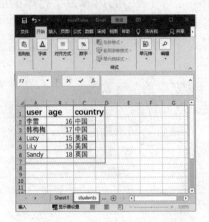

```
   user  age country
0   李雷   16      中国
1  韩梅梅   17      中国
2  Lucy   15      美国
3  LiLy   15      美国
4 Sandy   18      英国
```

●图 6-30 excel1.xlsx 文件 ●图 6-31 读取 excel1.xlsx 文件 student 表的结果

在读取"students"表中内容时，添加了 sheet_name 参数，在该参数中设置 sheet_name = 1，即为读取"students"分表。sheet_name 用于控制 Excel 表内数据分表的位置，sheet1 位于第一个位置，students 位于第二个位置，那么相应的值就对应 0（默认值）和 1。还可以设置 sheet_name = 'students'，用来读取"students"分表，还可以设置索引列，依旧是使用 index_col 参数，如以下代码所示。

```
import pandas as pd
df = pd.read_excel(r'data/excel1.xlsx',sheet_name='students',index_col =[0])
print(df)
```

运行结果如图 6-32 所示。
可以设置多个索引列，如以下代码所示。

```
import pandas as pd
df = pd.read_excel(r'data/excel1.xlsx',sheet_name='students',index_col =[0,2])
print(df)
```

运行结果如图 6-33 所示。

```
       age country
user
李雷    16      中国
韩梅梅  17      中国
Lucy   15      美国
LiLy   15      美国
Sandy  18      英国
```

```
                      age
user   country
李雷    中国           16
韩梅梅  中国           17
Lucy   美国           15
LiLy   美国           15
Sandy  英国           18
```

●图 6-32 设置索引列 excel1.xlsx 文件的结果 ●图 6-33 设置多个索引列 excel1.xlsx 文件的结果

通过 index_col 参数，可以将数据列设置成索引列，可以设置单列数据也可以设置多列数据。index_col 参数与读取 CSV 文件时的 index_col 参数的作用一致。Pandas 读取 Excel，还有很多参数与读取 CSV 文件参数是相同的。

6.3.2 写入 Excel 文件内容

写入 Excel 文件内容的操作与写入 CSV 文件内容操作类似，依旧是需要构造好写入的内容，之后使用 Pandas 中相应的写入方法进行操作。

在"excel2. xlsx"文件中写入相应的内容，如以下代码所示。

```
import pandas as pd
#1.生成数据,字典形式
data = {'City':['北京','上海','深圳'],'GDP(万亿)':[3.47,3.22,2.6] }
#2.将数据转化为 DataFrame 形式
df = pd.DataFrame(data)
#3.写入 Excel 文件
df.to_excel(r'data/excel2.xlsx')
```

运行结果如图 6-34 所示。

●图 6-34　写入 excel2. xlsx 文件的结果

Pandas 写入 Excel 文件内容操作与 Pandas 写入 CSV 文件内容操作几乎一致。语法很相似，参数含义一致，但也有不同。例如，将两份内容分为不同的分表，放在"excel2. xlsx"文件中，按照之前 CSV 的思路，是使用追加模式，但是在 Excel 文件操作中却没有追加模式，只能通过其他形式，如以下代码所示。

```
import pandas as pd
#1.生成数据,字典形式
data1 = {'城市':['北京','上海','深圳'],'人口(万人)':[2713,2420,1191]}
data2 = {'City':['北京','上海','深圳'],'GDP(万亿)':[3.47,3.22,2.6] }
#2.将数据转化为 DataFrame 形式
```

```
df1 = pd.DataFrame(data1)
df2 = pd.DataFrame(data2)
#3.构造 writer 写入器
writer = pd.ExcelWriter(r'data/excel3.xlsx', engine = 'xlsxwriter')
#4.写入 Excel 文件
df1.to_excel(writer,sheet_name='人口')
df2.to_excel(writer,sheet_name='经济')
#5.保存、关闭
writer.save()
writer.close()
```

运行结果如图 6-35 所示。

	A	B	C
1		城市	人口
2	0	北京	3.47
3	1	上海	3.22
4	2	深圳	2.6
5			

	A	B	C
1		City	GDP(万亿)
2	0	北京	3.47
3	1	上海	3.22
4	2	深圳	2.6
5			

●图 6-35　写入 excel3.xlsx 文件的结果

在上述代码中，分两次写入 data1 数据与 data2 数据，但不能使用追加模式。Pandas 在写入 Excel 文件内容前，构造一个写入器，使用 engine = 'xlsxwriter'引擎；通过 writer 写入器分别将 data1 数据与 data2 数据写入，并且通过设置 sheet_name 将内容放在两个分表中。

sheet_name 为分表名，默认为 sheet1，可以设置其他名字；columns 为指定写入的列，列表形式，可以选择部分列；encoding 为字符编码，为 UTF-8 或者 ANSI。

Pandas 写入 Excel 文件内容与写入 CSV 文件内容有一处不同。当 Excel 文件含有内容分表，可将新内容写入新的分表中，这是与 CSV 不同的操作。Pandas 将内容写入原有的 Excel 文件新分表中，需要与 openpyxl 这个库搭配使用，如以下代码所示。

```
import pandas as pd
import openpyxl
#1.获取要写入的文件 book
book = openpyxl.load_workbook(r'data/excel4.xlsx')
#2.构建写入器
#pd.read_excel()用于将 DataFrame 写入 excel。xls 用 xlwt,xlsx 用 openpyxl
writer = pd.ExcelWriter(r'data/excel4.xlsx', engine='openpyxl')
#3.将写入的文件 book 赋值给写入器
writer.book = book
#4.将写入器中的分表转为字典形式
writer.sheets = dict((ws.title, ws) for ws in book.worksheets)
```

```
#5. 构建新数据
data3 = {'City':['北京','上海','深圳'],'面积(平方公里)':[16800,6340,1997] }
#6. 新数据构造成 DataFrame 形式
df3 = pd.DataFrame(data3)
#7. 写入器写入新内容
df3.to_excel(writer,sheet_name="地域")
#8. 保存、关闭
writer.save()
writer.close()
```

运行结果如图 6-36 所示。

●图 6-36　写入 excel4. xlsx 文件的结果

excel4. xlsx 是根据 excel3. xlsx 复制得来，excel4. xlsx 拥有"人口"与"经济"分表。读写 Excel 文件的 read_excel( ) 和 to_excel( ) 方法如图 6-37 所示。

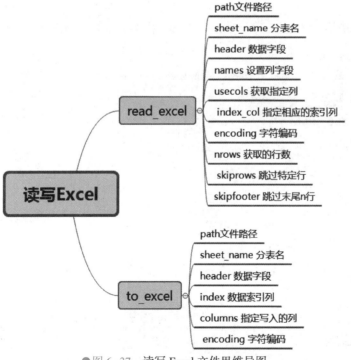

●图 6-37　读写 Excel 文件思维导图

6.4　JSON 文件的读写操作

JSON（JavaScript Object Notation）是一种轻量级的数据交换格式，广泛应用于互联网数据传递中。JSON 中可以存储任意类型的数据，如数字、字符串、布尔值、对象和数组等，对象与数组是 JSON 文件中的结构骨架。对象在 JSON 中是使用大括号{}括起来的内容，数据结构为{key1:value1, key2:value2,…}的键值对结构。数组（理解为 Python 中的列表，形式一致）在 JSON 中是方括号[ ]括起来的内容，可以存放多个对象。

JSON 文件格式广泛应用于互联网服务器 API 接口中，易于机器解析和生成，文件体积小。但是 JSON 文件格式存储单一，只能存储文本，不如 Excel 容易阅读。

JSON 文件格式与 Excel 文件一样，编码格式为：ANSI、Unicode 和 UTF-8。在数据加载时，可以根据需要进行相应的处理，其中 UTF-8 格式的 JSON 文件应用最为广泛。本节详解如何加载 JSON 数据并对 JSON 文件进行读写操作。

6.4.1　读取 JSON 文件内容

Python 语言中，内置的 open( )函数可以对 JSON 文件进行读写操作，但在本节中采用 Pandas 操作 JSON 文件，Pandas 读写 JSON 文件的好处在于它的运行效率更高、使用方法也更简便。

在 data 文件夹内，创建名为"data.json"的文件，在该文件中写入相应内容，如图 6-38 所示。

文件创建完毕后，通过 Pandas 来读取该文件内容，如以下代码所示。

```
import pandas as pd
df = pd.read_json(r"data/data.json",encoding='utf8')
print(df)
```

运行结果如图 6-39 所示。

●图 6-38　data.json 文件　　　　●图 6-39　读取 data.json 文件的结果

通过 Pandas 将"data. json"文件中的内容读取成功。Pandas 读取 JSON 文件时,将 JSON 文件中的 key 作为列字段,value 值作为记录。因 JSON 文件是两层包装,如果需要获取到 data 字段中的数据,需要在 DataFrame 中按字段获取值,如以下代码所示。

```
import pandas as pd
df = pd.read_json(r"data/data.json",encoding='utf8')
print(df.data)
```

运行结果如图 6-40 所示。

读取 data. json 文件结束,发现 df. data 中的数据形式会与之前的数据形式不一致。通过 type(df. data)查看其数据类型为 Series 形式,Series 形式的数据不利于以后的处理分析。这种获取到 data 数据的方式欠妥,需要将 df. data 数据转成 DataFrame 形式。

read_json( )是 Pandas 读取 JSON 文件的方法。该方法需要填入相应参数。

Pandas 库 io 模块的 JSON 对象中提供了 json_normalize( )方法,能将 JSON 数据序列化,如以下代码所示。

```
import pandas as pd
wj = pd.read_json(r"data/data.json",encoding='utf8')
df = pd.io.json.json_normalize(wj.data)
print(df)
print(type(df))
```

运行结果如图 6-41 所示。得出最终需要的 DataFrame 形式的结果。

```
0    {'name': '张三', 'sex': '男', 'age': 21}
1    {'name': '李四', 'sex': '男', 'age': 22}
2    {'name': '王五', 'sex': '女', 'age': 22}
Name: data, dtype: object
```

```
     age name sex
0    21  张三   男
1    22  李四   男
2    22  王五   女
<class 'pandas.core.frame.DataFrame'>
```

●图 6-40 读取 data. json 文件的结果　　●图 6-41 读取 data. json 文件 DataFrame 形式的结果

6.4.2 写入 JSON 文件内容

写入 JSON 文件内容的操作简单,依旧是需要构造好写入的内容,之后使用 Pandas 中相应的写入方法进行操作。

1) to_json( )是 Pandas 写入 JSON 文件的方法。在该方法中需要填入相应的参数。

2) force_ascii 为数据编码格式,默认为 True,中文以 Unicode 形式写入,如果为 False,中文以 ANSI 形式写入。

在"datawrite. json"文件中写入相应的内容,如以下代码所示。

```
import pandas as pd
#1.生成数据,字典形式
data = {'City':['北京','上海','深圳'],'GDP(万亿)':[3.47,3.22,2.6] }
#2.将数据转化为 DataFrame 形式
df = pd.DataFrame(data)
```

> #3. 写入到 JSON 文件
> df.to_json(r'data/datawrite.json',force_ascii=False)

运行结果如图 6-42 所示。

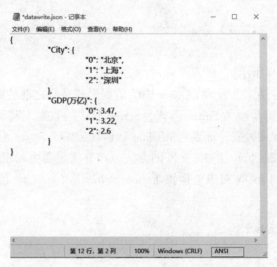

●图 6-42　写入 datawrite. json 文件的结果

在上述代码中将 {'City':['北京','上海','深圳'],'GDP（万亿）':[3.47,3.22,2.6]} 数据写入到 JSON 文件中。写入 JSON 文件时，设置 force_ascii 参数为 False，才能将中文正常写入；如果不设置 force_ascii 参数，即 force_ascii 为默认 True，将以 Unicode 码的形式显示中文。

读写 JSON 文件的 read_json( ) 和 to_json( ) 方法如图 6-43 所示。

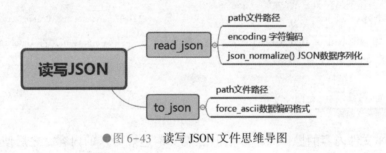

●图 6-43　读写 JSON 文件思维导图

6.5　SQL 文件的读取

SQL（Structured Query Language）是一种结构化查询语言，用于存取数据以及查询、更新和管理关系数据库系统。DT 时代的今天，SQL 数据库仍然承担了各种应用程序的核心数据存储，SQL 数据库存储的数据体量是 txt、CSV、Excel、JSON 文件所不能比拟的。对于 SQL 数据库的掌握程度也决定了数据分析师对数据的敏感程度。

SQL 数据库存储的数据体量大、数据类型多、执行速度快、结构清晰、易学。但是对环境依赖较高，管理维护成本高。

SQL 数据库的编码格式以 UTF-8 为主，SQL 数据库的类型有很多，本节详解如何在 MySQL 关系型数据库中读取 SQL 数据，不对其他数据库及 SQL 语言展开讲解。不同类型之间的数据库在语法上是相同的，掌握了 MySQL 数据库后学习其他类型数据库会非常快。

6.5.1 PyMySQL 读取 MySQL 数据库内容

Python 语言中并没有内置模块来读取 MySQL 数据库，需要借助其他库来对 MySQL 数据库进行操作。在本小节中使用 PyMySQL 对 MySQL 数据库进行操作。PyMySQL 是在 Python 3. x 版本中用于连接 MySQL 服务器的一个库，使用简单。

MySQL 数据库中，teach 数据库 department 表的内容如图 6-44 所示。

deptno	dname	location
10	财务部	北京
20	运营部	北京
30	销售部	全国各地

●图 6-44   department 表

通过 PyMySQL 来读取该文件内容，如以下代码所示。

```python
import pymysql
#1. 连接数据库
con = pymysql.connect(host = "127.0.0.1",
port =3306,
user ='root',
password ='mysql',
db ='teach',
charset ='utf8')
#2. 使用 cursor() 方法创建一个游标对象 cursor
cursor = con.cursor()
#3. 使用 execute() 方法执行 SQL 语句
cursor.execute("select * from department")
#4. 接收全部的返回结果行
res = cursor.fetchall()
print(res)
#5. 关闭连接
con.close()
```

运行结果如图 6-45 所示。

((10, '财务部', '北京'), (20, '运营部', '北京'), (30, '销售部', '全国各地'))

●图 6-45   读取 department 表的结果

通过 PyMySQL 已经将"department"表中的内容读取出来了。但是读取到的结果形式不符合需求，如果想要通过 Pandas 进行分析，还需要对该数据进行处理，会在下一小节中讲解。

pymysql. connect() 是 PyMySQL 连接 MySQL 数据库的方法。在该方法中需要填入相应的参数：host = "127. 0. 0. 1" 为数据库的主机地址；db = 'teach' 为连接的数据库名称；charset = 'utf8' 为字符编码格式。

6.5.2 Pandas 读取 MySQL 数据库内容

通过 PyMySQL 读取 MySQL 数据库中的数据内容，但是读取到的结果形式不符合需求，获取到的数据结果形式最好是以 DataFrame 形式呈现。

要得到 DataFrame 形式的数据，必须使用 Pandas 进行处理。然而 Pandas 中没有 SQL 工具包及对象关系映射（ORM）工具，不能直接去连接 MySQL 数据库，因此需要将 Pandas 与 PyMySQL 搭配使用。PyMySQL 负责连接数据库，Pandas 负责读取数据。

read_sql_query( )是 Pandas 读取 MySQL 数据库的方法，在该方法中需要填入相应参数：sql 为查询 SQL 语句；con 为数据库连接，如以下代码所示。

```
import pandas as pd
import pymysql
#1.PyMySQL 连接数据库
con = pymysql.connect(host="127.0.0.1",port=3306,user='root',password='mysql',
db='teach',charset='utf8')
#2.创建查询语句
sql = '''select * from department'''
#3.Pandas 进行读取数据
df = pd.read_sql_query(sql, con)
#4.输出结果
print(df)
print(type(df))
```

读者在自行操作时，请按实际配置填写 pymysql.connect( )方法中的参数。

读写 SQL 文件的 pymysql( )和 read_sql_query( )方法如图 6-46 所示。

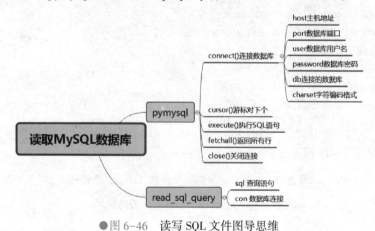

●图 6-46　读写 SQL 文件图导思维

本章介绍了对 txt、CSV、Excel、JSON 文件数据的读写操作。对 MySQL 数据库数据进行读取，必须使用 Pandas 库进行相应的操作，读取到的数据结果尽量都以 DataFrame 形式呈现，这样更易于查看数据，也方便后期进行数据清洗及数据分析。接下来学习数据预处理。

扫一扫观看串讲视频

第 7 章
数据预处理

　　通常获取到的数据都是不完整的，缺失值、零值和异常值等情况的出现导致数据的质量大打折扣，而数据预处理技术就是为了让数据具有更高的可用性而产生的，本章将介绍如何使用 Python 进行数据预处理。

7.1 数据预处理是什么

当用户拿到一份新数据时，通过各种手段进行数值替换和空值填充等过程就是数据预处理。

本章数据预处理的内容包括：重复数据的处理、缺失值的处理和异常值的处理。

数据预处理应用于商品数据、用户数据、商业智能、政府决策、网络挖掘、云计算，以及大数据处理等场景。

7.1.1 重复数据的处理

数据采集人员在采集数据时，经常会发生采集到重复数据的情况。在 Pandas 中可以通过最基本的 DataFrame 创建方法来创建含有重复数据的数据集，并进行修改操作。

1）创建一个含有重复数据的数据集，如以下代码所示。

```
import pandas as pd
# 创建一个带有重复数据的 DataFrame
df = pd.DataFrame(data=[['a', 1], ['a', 2], ['a', 3], ['b', 1], ['b', 2],['a', 1], ['a', 2]],
columns = ['label', 'num'])
print(df)
```

运行结果如下。

```
  label num
0    a    1
1    a    2
2    a    3
3    b    1
4    b    2
5    a    1
6    a    2
```

可以发现在运行结果 7 条数据中存在着['a', 1]、['a', 2]两组重复数据。

2）Pandas 中提供了 duplicated( )函数用来查找数据集中是否存在重复数据。查找重复数据，如以下代码所示。

```
df = pd.DataFrame(data=[['a', 1], ['a', 2], ['a', 3], ['b', 1], ['b', 2],['a', 1], ['a', 2]],
columns = ['label', 'num'])
df = df.duplicated()
print(df)
```

运行结果如下。

```
0    False
1    False
2    False
3    False
4    False
5     True
6     True
dtype: bool
```

并不需要如此多的运行结果，在判断是否含有重复数据时只需要知道"有"或者"没有"就可以了。使用 any( ) 函数去判断数据经过 duplicated( ) 函数后有没有重复值。

```
df = pd.DataFrame(data = [['a', 1], ['a', 2], ['a', 3], ['b', 1], ['b', 2],['a', 1], ['a', 2]],
columns = ['label', 'num'])
df = any(df.duplicated())
print(df)
```

运行结果如下。

```
True
```

这样对于数据中是否含有重复值就很容易知道了。

3）对于重复数据，不需要进行改动，只需要进行删除即可。Pandas 中提供了 drop_duplicates( ) 函数来删除重复数据。处理重复数据，如以下代码所示。

```
df = pd.DataFrame(data = [['a', 1], ['a', 2], ['a', 3], ['b', 1], ['b', 2],['a', 1], ['a', 2]],
columns = ['label', 'num'])
df.drop_duplicates(inplace = True)
# df = df.drop_duplicates(inplace = False)
print(df)
```

运行结果如下。

```
  label num
0    a   1
1    a   2
2    a   3
3    b   1
4    b   2
```

在 drop_duplicates( ) 函数中，参数 inplace = True 表示在原数据集上进行操作，参数默认为 False。

7.1.2　缺失值的处理

在分析数据时往往会遇到很多缺失的数据，该类型的数据严重影响数据分析的结果，本节介绍对数据中缺失值的处理方法。

1. 构造一个含有缺失值的数据集。

先创建一个普通的 DataFrame，再通过 reindex( ) 函数去重构索引，创建出一个带有缺失值的 DataFrame，其中 NaN 表示缺失值，如以下代码所示。

```
import pandas as pd
import numpy as np
df = pd.DataFrame(np.random.randn(5, 3),
                index = ['a', 'c', 'd', 'e', 'g'],
                columns = ['1st', '2nd', '3rd'])
# 使用 chr()函数创建索引,chr()函数会将整数转换为 ascii 码对应的字符
df = df.reindex([chr(x).lower() for x in range(65, 72)])
# df = df.reindex(['a', 'b', 'c', 'd', 'e', 'f', 'g'])
print(df)
```

运行结果如下。

```
        1st        2nd        3rd
a   0.679228   1.010275   0.212383
b       NaN        NaN        NaN
c   0.835012  -0.932273  -2.056286
d  -0.315571   1.289311   0.320045
e   0.734314  -0.024266   0.290307
f       NaN        NaN        NaN
g  -0.885624   1.269399  -0.103741
```

在 Pandas 中提供了 isnull( ) 函数判断所有位置的元素是否缺失，缺失显示 True，不缺失显示 False，如以下代码所示。

```
df = pd.DataFrame(np.random.randn(5, 3),
                index = ['a', 'c', 'd', 'e', 'g'],
                columns = ['1st', '2nd', '3rd'])
df = df.reindex([chr(x).lower() for x in range(65, 72)])
print(df.isnull())
# 数据量较多的时候可以查看前面几行.
# df.isnull().head()
```

运行结果如下。

```
     1st    2nd    3rd
a  False  False  False
b   True   True   True
c  False  False  False
d  False  False  False
e  False  False  False
```

```
f   True    True    True
g   False   False   False
```

在实际的操作中并不需要展示出所有位置的结果，可以结合使用 any( ) 函数进行行（列）是否存在空值的判断，如以下代码所示。

```
df = pd.DataFrame(np.random.randn(5, 3),
                  index = ['a', 'c', 'd', 'e', 'g'],
                  columns = ['1st', '2nd', '3rd'])
df = df.reindex([chr(x).lower() for x in range(65, 72)])
print(df.isnull().any())
```

运行结果如下。

```
1st    True
2nd    True
3rd    True
dtype: bool
```

any( ) 函数中可以传入 axis 参数进行行或列的空值判断，默认 axis = 0 是判断每一列中是否存在空值，axis = 1 时用于判断每一行中是否存在空值。

如果想要统计每一行或列中含有空值的个数，可在 any( ) 函数的后面加入求和函数 sum( )，如以下代码所示。

```
df = pd.DataFrame(np.random.randn(5, 3),
                  index = ['a', 'c', 'd', 'e', 'g'],
                  columns = ['1st', '2nd', '3rd'])
df = df.reindex([chr(x).lower() for x in range(65, 72)])
print(df.isnull().any().sum())
```

运行结果如下。

```
3
```

2. 缺失值的填补

缺失值的填补是在进行数据预处理过程中最重要的一环，缺失值填补的方法多种多样，需要考虑具体的某一种场景下用哪种填补方法。

当数据集中出现某一列数据全都为缺失值或者缺失值的占比很大（通常大于 60%）并且业务上允许删除该属性列时，可以考虑直接删除整列，如以下代码所示。

```
df = pd.DataFrame(np.random.randn(5, 3),
                  index = ['a', 'c', 'd', 'e', 'g'],
                  columns = ['1st', '2nd', '3rd'])
df = df.reindex([chr(x).lower() for x in range(65, 72)])
# 以删除 2nd 列为例
```

```
del df['2nd']
print(df)
```

运行结果如下。

```
        1st        3rd
a  -0.337886  -0.957245
b       NaN        NaN
c  -1.276836   0.515945
d  -0.750382   0.557111
e  -0.169498  -0.342369
f       NaN        NaN
g  -0.721511  -0.354634
```

对于缺失值而言，只有少数的缺失值时可以直接删除此行；含有大量缺失值的列可以直接进行列删除的处理，如以下代码所示。

```
df = pd.DataFrame(np.random.randn(5,3),
                  index=['a', 'c', 'd', 'e', 'g'],
                  columns=['1st', '2nd', '3rd'])
df = df.reindex([chr(x).lower() for x in range(65,72)])
# dropna 中提供了参数 axis,其中 0 代表行,1 代表列
df = df.dropna(axis=0)
print(df)
```

del( )方法和 dropna( ) 函数在删除列上的区别在于，del( ) 删除指定列，dropna( ) 删除含有缺失值的所有列。

运行结果如下。

```
        1st        2nd        3rd
a   0.599139   0.994949  -1.214527
c  -0.051280   1.544190  -0.111464
d  -0.319163   0.113687   0.593082
e  -0.153171   0.619439  -0.368989
g  -0.799134   0.313639   1.383827
```

指定数据填补缺失值，使用标量 0 来替换缺失值。在很多情况下都会用 0 来填充缺失值，比如对于一列表示婚龄的数据，若有很多缺失值，可以认为没有数据的是未婚人群，此时就可以用 0 来表示未婚的人群的婚龄。

Pandas 中的 fillna( ) 函数提供了填充缺失值的方法，该方法不仅可以填充数值数据，也可以进行字符串的填充，如以下代码所示。

```
df = pd.DataFrame(np.random.randn(5,3),
                  index=['a', 'c', 'd', 'e', 'g'],
                  columns=['1st', '2nd', '3rd'])
```

```
df = df.reindex([chr(x).lower() for x in range(65, 72)])
# dropna 中提供了参数 axis,其中 0 代表行,1 代表列
df = df.fillna(0)
print(df)
```

运行结果如下。

```
          st          2nd          3rd
a    0.598157    -0.437786     0.811053
b    0.000000     0.000000     0.000000
c   -0.852230    -1.343500    -0.177787
d   -0.044161    -0.187190    -0.720992
e   -0.527899     0.076602     1.657365
f    0.000000     0.000000     0.000000
g    0.803238    -0.110853     1.236306
```

数值型数据填充方式：当缺失值为数值时，通常用均值来进行填补。Pandas 中提供了 mean( ) 函数去计算均值，在用均值填补缺失值时需要去判断每一列的数据类型，如以下代码所示。

```
df = pd.DataFrame(np.random.randn(5, 3),
            index=['a', 'c', 'd', 'e', 'g'],
            columns=['1st', '2nd', '3rd'])
df = df.reindex([chr(x).lower() for x in range(65, 72)])
# dropna 中提供了参数 axis,其中 0 代表行,1 代表列
df['2nd'] = df['2nd'].fillna(df['2nd'].mean())
print(df)
```

运行结果如下。

```
          1st          2nd          3rd
a   -0.367908    -0.379495     1.509595
b        NaN      0.406683         NaN
c   -1.062347     0.794405    -1.482981
d   -0.784422     2.210182    -1.447177
e    0.471418    -1.774800    -0.555097
f        NaN      0.406683         NaN
g    0.593044     1.183126    -0.999673
```

当缺失值所在的变量为数值型时，中位数填充只需要把均值填充的 mean( ) 函数改成 median( ) 函数即可，如以下代码所示。

```
df = pd.DataFrame(np.random.randn(5, 3),
            index=['a', 'c', 'd', 'e', 'g'],
            columns=['1st', '2nd', '3rd'])
df = df.reindex([chr(x).lower() for x in range(65, 72)])
```

```
# dropna 中提供了参数 axis,其中 0 代表行,1 代表列
df['2nd'] = df['2nd'].fillna(df['2nd'].median())
print(df)
```

运行结果如下。

```
        1st         2nd        3rd
a  -1.410970    1.921700  -0.138885
b        NaN    0.017547        NaN
c   0.036136    0.883575   0.305172
d  -0.516969   -0.284247  -0.564966
e  -0.133918   -0.820993  -0.236811
f        NaN    0.017547        NaN
g  -0.907000    0.017547   1.611756
```

字符型数据填充方式：当缺失值为字符型数据时，通常用众数填充缺失值。Pandas 中的 mode( )函数用来使用众数填补缺失值，如以下代码所示。

```
import pandas as pd
import numpy as np
import random
# 使用随机的方法创建一个字符型的 DataFrame
df = pd.DataFrame(
    [random.choice(['apple', 'banana', 'orange', 'pear']) for i in range(15)])
# 转换 DataFrame 的形状为 5 * 3
df = pd.DataFrame(df.values.reshape(5, 3))
df.index = ['a', 'c', 'd', 'e', 'g']
df.columns = ['1st', '2nd', '3rd']
df = df.reindex([chr(x).lower() for x in range(65, 72)])
# 使用众数来填充数据
df['2nd'] = df['2nd'].fillna(df['2nd'].mode()[0])
print(df)
```

运行结果如下。

```
      1st     2nd      3rd
a    pear    pear   orange
b     NaN  banana      NaN
c    pear  banana     pear
d    pear  banana    apple
e   apple  banana   banana
f     NaN  banana      NaN
g    pear    pear    apple
```

random 中的 choice( )函数随机选择一些字符型数据生成一个 DataFrame，再转换 DataFrame 的形状为 5 * 3，最后通过 Pandas 中的 mode( )函数来使用众数填补缺失值。其中

mode()[0]表示在存在多种众数的情况下选取第一个值。

在 Python 中还提供了根据上（下）一条数据的值对缺失值进行填充，对于这种方式，只需要更改 fillna()中的参数即可，如以下代码所示。

```
df = pd.DataFrame(np.random.randn(5, 3),
                  index = ['a', 'c', 'd', 'e', 'g'],
                  columns = ['1st', '2nd', '3rd'])
df = df.reindex([chr(x).lower() for x in range(65, 72)])
# method 参数为'pad'时,按照上一行进行填充
# method 参数为'bfill'时,按照下一行进行填充
df = df.fillna(method='pad')
print(df)
```

运行结果如下。

```
        1st       2nd       3rd
a  0.313816 -0.196941 -0.106304
b  0.313816 -0.196941 -0.106304
c  0.249201 -1.102058  1.817201
d -1.145223  0.085231  0.811832
e  1.969371  0.037815  0.760577
f  1.969371  0.037815  0.760577
g  2.296378 -0.897370 -0.256821
```

7.1.3　异常值的处理

在异常值处理之前需要对异常值进行识别，一般多采用单变量散点图或箱线图来达到对异常值进行识别的目的，利用图形来判断数值是否处于正常范围。

1. 绘制箱线图查看异常值

箱线图中含有上边缘和下边缘，如果有数据点超出了上下边缘，就会把该类数据点看作是异常值，箱线图中包含的内容如图 7-1 所示。

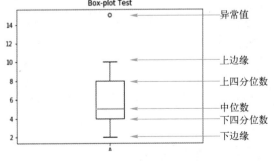

●图 7-1　箱线图的原理

155

箱线图属性描述如下。①上四分位数（Q3）：75%位置的数据值。②下四分位数（Q1）：25%位置的数据值。③四分位距：$\Delta Q = Q3 - Q1$。④上边缘：$Q3 + 1.5\Delta Q$。⑤下边缘：$Q1 - 1.5\Delta Q$。

示例：通过具体数据并使用箱线图来查看缺失值。随机生成数据，用不同性别、不同年龄的特征（girl_20、boy_20、girl_30、boy_30）来表示男生、女生在20岁和30岁时的收入分布。随机创造70~100个符合正态分布的数据，绘制出对应的箱线图，如以下代码所示。

```python
import numpy as np
import matplotlib.pyplot as plt
fig, ax = plt.subplots()  # 子图
# 封装这个函数用来后面生成数据
def list_generator(mean, dis, number):
    # normal 分布,输入的参数是均值、标准差及生成的数量
    return np.random.normal(mean, dis * dis, number)
# 生成 4 组数据用来做实验,数据量都为 50
# 分别代表男生、女生在 20 岁和 30 岁的收入分布
girl_20 = list_generator(1000, 10.5, 50)
boy_20 = list_generator(1500, 20.5, 50)
girl_30 = list_generator(3000, 25.1056, 50)
boy_30 = list_generator(5000, 29.54, 50)
data = [girl_20, boy_20, girl_30, boy_30]
# 用 positions 参数设置各箱线图的位置
ax.boxplot(data, positions=[
    0,
    0.6,
    3,
    3.7,
])
# 设置 x 轴刻度标签
ax.set_xticklabels([
    "girl20",
    "boy20",
    "girl30",
    "boy30",
])
plt.show()
```

运行结果如图7-2所示。

girl20和girl30两个属性中出现了在箱线图之外的圆圈，这就是这两个属性所存在的异常值。

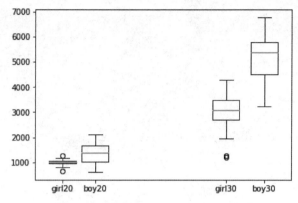

●图 7-2 20 岁和 30 岁男女收入箱线图

2. 异常值的处理方法

异常值的处理方法有：①删除含有异常值的记录。②视为缺失值来处理。③不处理。
根据指定数据的删除方法及缺失值的处理方法，将异常值转换成缺失值。

（1）计算上边缘和下边缘
判断该列的上边缘和下边缘，如以下代码所示。

```python
import numpy as np
import pandas as pd
# 封装这个函数用来后面生成数据
def list_generator(mean, dis, number):
    # normal 分布,输入的参数是均值、标准差及生成的数量
    return np.random.normal(mean, dis * dis, number)
# 生成 4 组数据用来做实验,数据量都为 50
# 分别代表男生、女生在 20 岁和 30 岁的收入分布
girl_20 = list_generator(1000, 10.5, 50)
boy_20 = list_generator(1500, 20.5, 50)
girl_30 = list_generator(3000, 25.1056, 50)
boy_30 = list_generator(5000, 29.54, 50)
data = [girl_20, boy_20, girl_30, boy_30]
df = pd.DataFrame({
    'girl20': girl_20,
    'boy20': boy_20,
    'girl30': girl_30,
    'boy30': boy_30
})
s = df.describe()
print(s)
print('-' * 50)
```

```
# 基本统计量
q1 = s.loc['25%'][0]
q3 = s.loc['75%'][0]
iqr = q3 - q1
mi = q1 - 1.5 * iqr
ma = q3 + 1.5 * iqr
print('分位差为:%.3f,下限为:%.3f,上限为:%.3f' % (iqr,mi,ma))
```

运行结果如下。

	girl20	boy20	girl30	boy30
count	50.000000	50.000000	50.000000	50.000000
mean	997.205761	1493.617846	2874.251195	5096.897104
std	113.342484	410.494350	621.079893	877.737191
min	710.285041	403.541769	1531.294850	3528.258993
25%	932.920095	1253.289204	2355.183989	4453.044568
50%	1012.390168	1497.774209	2872.044233	4965.752958
75%	1069.248826	1779.294003	3395.464257	5581.712703
max	1292.489313	2537.093264	3974.475048	7325.992459

分位差为:136.329,下限为:728.427,上限为:1273.742

在 Panndas 中提供了 describe( ) 函数去查看基本的统计量，只需提取出 gril20 列对应的 25%分位数和 75%分位数即可，提取之后计算对应的上边缘和下边缘。

（2）判断异常值并转换为缺失值

先使用筛选条件来找到异常值，如以下代码所示。

```
error = df[(df['girl20'] < mi) | (df['girl20'] > ma)]
print(error)
print('异常值共%i条' % len(error))
```

运行结果如下。

	girl20	boy20	girl30	boy30
4	1292.489313	1254.844459	1983.009719	6275.243854
39	710.285041	1217.546457	2011.881516	5562.363838

异常值共 2 条

使用了 Pandas 中的 mask( ) 函数替换数据中的两条异常值。该函数能够实现满足过滤条件的数据替换成想要的结果，如以下代码所示。

```
df['girl20'] = df['girl20'].mask((df['girl20'] < mi) | (df['girl20'] > ma),None)
print(df.loc[4])
print(df.loc[39])
```

运行结果如下。

```
girl20      None
boy20     1254.84
girl30    1983.01
boy30     6275.24
Name: 4, dtype: object
girl20      None
boy20     1217.55
girl30    2011.88
boy30     5562.36
Name: 39, dtype: object
```

把异常值全部转换为缺失值时，可以使用缺失值填补的方法进行数据的填补。

7.2　数据变换

一份完整的数据，数据上虽然没有缺失值，但是有一些数据并不是用户需要的形式，如字符型数据和数据间差异较大的数据等，处理这些数据需要进行数据变换。

数据变换的方法有：数据类型转换、数据标准化处理（Z-score 标准化）和数据归一化处理（Min-Max 标准化）。其中，数据归一化会将所有的数据约束到[0,1]的范围内。

7.2.1　转换数据类型

Pandas 中提供了 map( ) 函数用于数据转换，通常将一些字符型数据转换为可以用于计算机计算的数值型数据。

示例：根据"男""女"两种类型的数据，把数据中所有的"男"""女"转换成数值类型 1、0，如以下代码所示。

```
import pandas as pd
data = {'性别': ['男', '女', '男', '女', '女']}
df = pd.DataFrame(data)
df[u'性别_new'] = df[u'性别'].map({'男': 1, '女': 0})
print(df)
```

运行结果如下。

```
  性别  性别_new
0  男      1
1  女      0
2  男      1
```

3	女	0
4	女	0

7.2.2　数据标准化（Z-score 标准化）

数据进行分析之前，通常需要先将数据标准化，利用标准化后的数据进行数据分析。数据标准化是一种将整列数据约束在某个范围内的方法，经过标准化处理，原始数据均转换为无量纲化指标测评值，即各指标值都处于同一个数量级别上，可以进行综合测评分析。

例如，通过身高、体重去分析一个人的身材，假设身高的衡量标准为"米"，体重的衡量标准为"斤"，由于二者数量级的差异，会导致判断胖瘦的标准发生改变，导致体重一项具有了更大的影响力，但是根据经验可以知道，一个人身材的胖瘦是由身高和体重共同决定的，对于这样的数据而言，给计算机使用就要进行数据标准化。

数据标准化公式如下：

$$z\text{-}score = \frac{x_i - \mu}{\sigma} \tag{7-1}$$

式中，μ 是均值；σ 是标准差。

使用 NumPy 和 Pandas 来实现标准化，如以下代码所示。

```python
import numpy as np
import pandas as pd
def ZscoreNormalization(x):
    x = (x - np.mean(x)) /np.std(x)
    return x
Z_views = pd.DataFrame({
    'height':[1.8, 1.7, 1.9, 1.75, 1.68, 1.67],
    'weight':[80, 70, 98, 67, 68, 50]
})
Z_views['zscore_h'] = ZscoreNormalization(views[['height']])
Z_views['zscore_w'] = ZscoreNormalization(views[['weight']])
print(Z_views)
```

运行结果如下。

```
   height  weight  zscore_h   zscore_w
0   1.80      80  0.621770   0.538666
1   1.70      70 -0.621770  -0.148993
2   1.90      98  1.865310   1.776453
3   1.75      67  0.000000  -0.355291
4   1.68      68 -0.870478  -0.286525
5   1.67      50 -0.994832  -1.524311
```

Python 中还提供了一个很好用的库 sklearn，sklearn 是一个基于 Python 的机器学习工具，在这个库中提供了许多简单、高效的函数可以作为数据分析的工具，其中 StandardScaler( ) 函数就提供了标准化的方法，该函数下的 fit_transform 能够通过拟合数据的方法得到更好的标准化结果，如以下代码所示。

```
from sklearn.preprocessing import StandardScaler
import pandas as pd
views = pd.DataFrame({
    'height': [1.8, 1.7, 1.9, 1.75, 1.68, 1.67],
    'weight': [80, 70, 98, 67, 68, 50]
})
ss = StandardScaler()
views['zscore_h'] = ss.fit_transform(views[['height']])
views['zscore_w'] = ss.fit_transform(views[['weight']])
print(views)
```

运行结果如下。

```
   height  weight  zscore_h   zscore_w
0    1.80      80  0.621770   0.538666
1    1.70      70 -0.621770  -0.148993
2    1.90      98  1.865310   1.776453
3    1.75      67  0.000000  -0.355291
4    1.68      68 -0.870478  -0.286525
5    1.67      50 -0.994832  -1.524311
```

7.2.3 数据归一化（Min–Max 标准化）

和数据标准化一样，不同评价指标往往具有不同的量纲和量纲单位，这样的情况会影响数据分析的结果，为了消除指标之间的量纲影响，需要对数据进行处理，但是通过上一小节中的结果可以看到，有一些数据经过标准化后出现了负值，而有时负数会影响用户的数据质量，本节讲述不会产生负数的标准化方法。

数据归一化会将所有的数据约束到[0,1]的范围内。

数据归一化公式如下：

$$\frac{x_i - \min(x)}{\max(x) - \min(x)} \tag{7-2}$$

式中，$\min(x)$是数据中的最小值；$\max(x)$是数据中的最大值。

使用 NumPy 和 Pandas 来实现标准化，如以下代码所示。

```
import numpy as np
import pandas as pd
def MaxMinNormalization(x):
    x = (x - np.min(x)) / (np.max(x) - np.min(x))
```

```
    return x
M_views = pd.DataFrame({
    'height': [1.8, 1.7, 1.9, 1.75, 1.68, 1.67],
    'weight': [80, 70, 98, 67, 68, 50]
})
M_views['zscore_h'] = MaxMinNormalization(views[['height']])
M_views['zscore_w'] = MaxMinNormalization(views[['weight']])
print(M_views)
```

运行结果如下。

```
   height  weight  zscore_h  zscore_w
0    1.80      80  0.565217  0.625000
1    1.70      70  0.130435  0.416667
2    1.90      98  1.000000  1.000000
3    1.75      67  0.347826  0.354167
4    1.68      68  0.043478  0.375000
5    1.67      50  0.000000  0.000000
```

同样在 **sklearn** 中也提供了数据归一化的函数 MinMaxScaler( )，如以下代码所示。

```
from sklearn.preprocessing import MinMaxScaler
import pandas as pd

views = pd.DataFrame({
    'height': [1.8, 1.7, 1.9, 1.75, 1.68, 1.67],
    'weight': [80, 70, 98, 67, 68, 50]
})

mms = MinMaxScaler()
views['minmax_h'] = mms.fit_transform(views[['height']])
views['minmax_w'] = mms.fit_transform(views[['weight']])
print(views)
```

运行结果如下。

```
   height  weight  minmax_h  minmax_w
0    1.80      80  0.565217  0.625000
1    1.70      70  0.130435  0.416667
2    1.90      98  1.000000  1.000000
3    1.75      67  0.347826  0.354167
4    1.68      68  0.043478  0.375000
5    1.67      50  0.000000  0.000000
```

7.3　高级数据预处理方法

在数据预处理的过程中还存在着许多高级的预处理方法，本节将介绍两种高级的数据预处理方法，哑变量（Dummy Variables）和独热编码（One-Hot Encoding）。

在介绍两种方法之前，需先了解词语向量化（词向量），词向量就是提供了一种数学化的方法，把自然语言这种符号信息转化为向量形式的数字信息。

7.3.1　哑变量

通常将不能定量处理的变量量化，构造只取 0 或 1 的人工变量，称为哑变量。

示例：现在有性别：{男，女，其他}。性别特征有 3 个不同的分类值，需要 3 个 bit 的值来表示这些类别。

独热码表示如下。

男：{01}，女：{10}，其他：{00}。

多个特征时表示如下。

性别：{男，女，其他}；性别编码为：男：{01}，女：{10}，其他：{00}。

年级：{一年级，二年级，三年级}；年级编码为：一年级：{10}，二年级：{01}，三年级：{00}。

对于二年级的男生就可以编码为：{0101}（前面的 01 表示一年级，后面的 01 表示男生）。

Pandas 中提供了 get_dummies( ) 函数来实现哑变量，但是需要注意的是该函数生成的数据中不包含全 0 项，如以下代码所示。

```python
import pandas as pd
df = pd.DataFrame({
    '性别': ['男', '女', '其他'],
    '年级': ['一年级', '二年级', '三年级']
})
df = pd.get_dummies(df)
print(df)
```

运行结果如下。

	性别_其他	性别_女	性别_男	年级_一年级	年级_三年级	年级_二年级
0	0	0	1	1	0	0
1	0	1	0	0	0	1
2	1	0	0	0	1	0

结果和原理不同，为什么给出一个具有全 0 项的定义方法，下一节独热编码会详细解释其原理。

7.3.2 独热编码

独热编码是表示一项属性的特征向量，向量中只有一个特征是不为 0 的，其他的特征都为 0（简单来说就是将一个 bit 的位置填 1，其他位置都填 0），比如数据挖掘中对于离散型的分类数据，需要对其进行数字化，使用独热码来表示，如性别：{男，女，其他}。

可以看到上面的性别特征有 3 个不同的分类值，也就意味着需要 3 个 bit 的值来表示这些类别。

独热码表示如下。

男：{001}，女：{010}，其他：{100}

多个特征时表示如下。

性别：{男，女，其他}；性别编码为：男：{001}，女：{010}，其他：{100}

年级：{一年级，二年级，三年级}；年级编码为：一年级：{100}，二年级：{001}，三年级：{010}

对于二年级的男生编码可以为：{001001}（前面的 001 表示二年级，后面的 001 表示男生）

能够发现上一节通过 get_dummies( ) 函数得到的结果其实是独热编码的结果，可以说二者在实际原理上是有一定偏差的，但是在代码的结果显示上却是一致的。关于 Python 中标准的独热编码，如以下代码所示。

```python
import pandas as pd
from sklearn import preprocessing
df = pd.DataFrame({'性别': ['男', '女', '其他'], '年级': ['一年级', '二年级', '三年级']})
ont_hot = preprocessing.OneHotEncoder(categories='auto')
df1 = ont_hot.fit(df)    # 拟合
print("一年级男生的编码为:{}".format(ont_hot.transform([['男', '一年级']]).toarray()))
print("二年级女生的编码为:{}".format(ont_hot.transform([['女', '二年级']]).toarray()))
print("三年级男生的编码为:{}".format(ont_hot.transform([['男', '三年级']]).toarray()))
```

运行结果如下。

```
一年级男生的编码为:[[0. 0. 1. 1. 0. 0.]]
二年级女生的编码为:[[0. 1. 0. 0. 0. 1.]]
三年级男生的编码为:[[0. 0. 1. 0. 1. 0.]]
```

在独热编码中使用了 sklearn 库，其中的 preprocessing 模块中提供了很完美 OneHotEncode( ) 函数的使用，优点在于能够对数据进行拟合，拟合好一个模型之后，输入想要的词条时，使用 transform( ) 函数就能自动生成需要的编码形式。

7.4　数据预处理实战

本节通过"中国综合社会调查"中对多种人群的"幸福指数调查问卷"的结果来进行项目实战。本例中，将会使用一份 5 行 140 列的数据来进行数据预处理。

7.4.1　数据观察

拿到数据首先要进行数据观察，数据观察能够了解数据的整体情况，对于数据属性，含有缺失值的状况有一个初步的了解。

Excel 中可以看到的数据表如图 7-3 所示（由于数据较多，仅展示部分数据）。

id	happiness	survey_type	province	city	county
1	4	1	12	32	59
2	4	2	18	52	85
3	4	2	29	83	126
4	5	2	10	28	51
5	4	1	7	18	36
6	5	2	18	52	86
7	4	1	10	27	49
8	4	1	11	31	54
9	4	2	28	81	122
10	4	2	24	70	110
11	4	1	6	15	31
12	4	2	23	69	109
13	4	1	21	64	100

●图 7-3　Excel 部分数据展示

在 Python 中查看数据，如以下代码所示。

```
# 读取数据
import pandas as pd
import matplotlib.pyplot as plt
# Jupyter 中使用该语句展示图形
% matplotlib inline
Happiness = pd.read_csv("happiness_train_complete.csv", encoding='gb18030')
# 设置 DataFrame 显示全部的行和列
# pd.set_option('max_columns',1000)
# pd.set_option('max_row',3000)
# 查看前 5 条数据的信息
print(Happiness.head())
```

运行结果如图 7-4 所示。

	id	happiness	survey_type	province	city	county	survey_time	gender	birth	nationality	...	neighbor_familiarity	public_se
0	1	4	1	12	32	59	2015/8/4 14:18	1	1959	1	...	4	
1	2	4	2	18	52	85	2015/7/21 15:04	1	1992	1	...	3	
2	3	4	2	29	83	126	2015/7/21 13:24	2	1967	1	...	4	
3	4	5	2	10	28	51	2015/7/25 17:33	2	1943	1	...	3	
4	5	4	1	7	18	36	2015/8/10 9:50	2	1994	1	...	2	

5 rows × 140 columns

●图 7-4 展示数据表前 5 条数据

```
# 查看数据类型,每列含有缺失值的情况
print(Happiness.info(max_cols=200))
```

运行结果如下（部分结果）。

```
RangeIndex: 8000 entries, 0 to 7999
Data columns (total 140 columns):
id                8000 non-null int64
happiness         8000 non-null int64
survey_type       8000 non-null int64
province          8000 non-null int64
city              8000 non-null int64
county            8000 non-null int64
survey_time       8000 non-null object
gender            8000 non-null int64
birth             8000 non-null int64
nationality       8000 non-null int64
religion          8000 non-null int64
```

根据 info( ) 的部分结果可以看到，正常的数据是 8000 行，但是有一些数据是有缺失值的，本节中会对这些缺失值进行处理，如以下代码所示。

```
# 查看数据的描述
print(Happiness.describe())
```

运行结果如图 7-5 所示（部分结果）。

	id	happiness	survey_type	province	city	county	gender	birth	nationality
count	8000.00000	8000.000000	8000.000000	8000.000000	8000.000000	8000.000000	8000.00000	8000.000000	8000.00000
mean	4000.50000	3.850125	1.405500	15.155375	42.564750	70.619000	1.53000	1964.707625	1.37350
std	2309.54541	0.938228	0.491019	8.917100	27.187404	38.747503	0.49913	16.842865	1.52882
min	1.00000	-8.000000	1.000000	1.000000	1.000000	1.000000	1.00000	1921.000000	-8.00000
25%	2000.75000	4.000000	1.000000	7.000000	18.000000	37.000000	1.00000	1952.000000	1.00000
50%	4000.50000	4.000000	1.000000	15.000000	42.000000	73.000000	2.00000	1965.000000	1.00000
75%	6000.25000	4.000000	2.000000	22.000000	65.000000	104.000000	2.00000	1977.000000	1.00000
max	8000.00000	5.000000	2.000000	31.000000	89.000000	134.000000	2.00000	1997.000000	8.00000

●图 7-5 查看数据描述

使用 describe( )函数用户很轻易地获取到每一列数值特征的均值、标准差和中位数等信息。

7.4.2　数据预处理实战

完成数据观察之后再进行数据预处理。对于数据而言，幸福指数是最终获得的结果，所以首先从结果进行处理。

对于 happiness 这个属性，取值表示的具体含义为：① 1 = 非常不幸福。② 2 = 比较不幸福。③ 3 = 说不上幸福不幸福。④ 4 = 比较幸福。⑤ 5 = 非常幸福。⑥ –8 = 无法回答。查看结果列，如以下代码所示。

```
list1 = set(Happiness['happiness'])
print(list)
```

运行结果如下。

```
{-8, 1, 2, 3, 4, 5}
```

–8 是代表无法回答，对于无法回答的人群可以认为属于"说不上幸福不幸福"的人群，那么就可以用 3 来替代所有 –8 的值，如以下代码所示。

```
# 将无法回答改成说不上幸不幸福
Happiness['happiness'] = Happiness['happiness'].replace(-8, 3)
# 用于通过直方图来查看数据
# Happiness['happiness'].plot.hist()
print(set(Happiness['happiness']))
```

运行结果如下。

```
{1, 2, 3, 4, 5}
```

查看结果数据后，再查看其他的属性数据，在进行数据观察时了解到数据中含有大量的缺失值，定义一个函数来查看缺失值的数量及缺失的比例，如以下代码所示。

```
# 缺失值的处理
def miss_deal(Happinness):
    miss_count = Happiness.isnull().sum()
    miss_count_percent = 100 * miss_count / len(Happiness)
    miss_table = pd.concat([miss_count, miss_count_percent], axis=1)
    miss_table = miss_table.rename(columns={0: 'Missing Values', 1: 'percent'})
    miss_table = miss_table[miss_table.iloc[:, 1] != 0].sort_values(
        'percent', ascending=False).round(1)
    return miss_table
miss_table = miss_deal(Happiness)
print(miss_table)
```

运行结果如图 7-6 所示（部分结果）。

	Missing Values	percent
edu_other	7997	100.0
invest_other	7971	99.6
property_other	7934	99.2
join_party	7176	89.7
s_work_status	5435	67.9
s_work_type	5435	67.9
work_status	5049	63.1
work_yr	5049	63.1
work_type	5049	63.1
work_manage	5049	63.1
edu_yr	1972	24.6

●图 7-6　缺失值处理结果

根据结果可以看到，有很多属性的缺失值比例超过了60%，对于这些缺失值可以直接进行删除处理，如以下代码所示。

```
# 查找出缺失值比例超过 60% 的特征
del_feature = list(miss_table[miss_table['percent'] > 60].index)
print(del_feature)
```

运行结果如下。

```
['edu_other',
 'invest_other',
 'property_other',
 'join_party',
 's_work_status',
 's_work_type',
 'work_status',
 'work_yr',
 'work_type',
 'work_manage']
```

删除缺失值比例超过60%的特征，如以下代码所示。

```
print(len(Happiness.loc[0])) #查看
Happiness.drop(del_feature,axis=1, inplace=True)
print(len(Happiness.loc[0]))
```

运行结果如下。

```
140
130
```

缺失值比例大于60%的特征被删除掉，查看含有缺失值的属性表格，如以下代码所示。

```
miss_table = miss_deal(Happiness)
print(miss_table)
```

运行结果如图 7-7 所示（部分结果）。

	Missing Values	percent
edu_yr	1972	24.6
marital_now	1770	22.1
s_birth	1718	21.5
s_edu	1718	21.5
s_political	1718	21.5
s_hukou	1718	21.5
s_income	1718	21.5
s_work_exper	1718	21.5
edu_status	1120	14.0
minor_child	1066	13.3
marital_1st	828	10.4
social_neighbor	796	10.0

●图 7-7　查看含有缺失值的属性表格

使用常规的方法来处理剩下的缺失值，根据以上结果可以看到有很多的特征是 s_开头的，根据特征的具体含义可以知道，有关 s_的特征都是与自己的配偶（伴侣）有关，那么缺失值可以认为是因为单身造成的，因此可以把缺失值重新设定一个 0 值作为单身的人群，如以下代码所示。

```
# s_开头的缺失值基本都是因为单身造成的
# 全部缺失值填充为 0
Happiness['s_work_exper'].fillna(0, inplace=True)
Happiness['s_hukou'].fillna(0, inplace=True)
Happiness['s_political'].fillna(0, inplace=True)
Happiness['s_birth'].fillna(0, inplace=True)
Happiness['s_edu'].fillna(0, inplace=True)
Happiness['s_income'].fillna(0, inplace=True)
miss_table = miss_deal(Happiness)
print(miss_table)
```

运行结果如图 7-8 所示（部分结果）。

对于 edu 相关的教育情况，可以用 0 来表示没有受过教育的人群，如以下代码所示。

```
# 教育情况
Happiness['edu_status'].fillna(0, inplace=True)
del Happiness['edu_yr']
```

'edu_yr' 属性表示哪一年获得的学位证，可以认为是无用信息，直接进行删除处理。

	Missing Values	percent
edu_yr	1972	24.6
marital_now	1770	22.1
edu_status	1120	14.0
minor_child	1066	13.3
marital_1st	828	10.4
social_neighbor	796	10.0
social_friend	796	10.0
hukou_loc	4	0.0
family_income	1	0.0

●图7-8 填充全部缺失值为0

与 social_ 相关的社交情况的缺失值，多数是因为与邻居不交流造成，根据下面的取值含义可以认为有缺失值的人群从来不进行社交活动，可以用7来填充。

happiness 属性取值表示的具体含义为：① 1 = 几乎每天进行社交活动。② 2 = 一周1~2次社交活动。③ 3 = 一个月几次社交活动。④ 4 = 大约一个月1次社交活动。⑤ 5 = 一年几次社交活动。⑥ 6 = 一年1次社交活动或更少。⑦ 7 = 从来不进行社交活动。

```
# 社交情况
Happiness['social_friend'].fillna(7, inplace=True)
Happiness['social_neighbor'].fillna(7, inplace=True)
```

对于孩子情况和户口情况同样可以使用上述的分析方法进行分析填补，如以下代码所示。

```
# 孩子情况
Happiness['minor_child'].fillna(0, inplace=True)
# 户口情况(没户口)
Happiness['hukou_loc'].fillna(4, inplace=True)
```

对于婚姻相关的缺失值，可以用问卷发表的年份进行填充，并把结婚年份等属性转换成可以被使用的婚龄信息，如以下代码所示。

```
# 婚姻状况
Happiness['marital_now'].fillna(2015, inplace=True)
# 新增特征值 mar_yr
Happiness['mar_yr'] = 2015 - Happiness['marital_now']
del Happiness['marital_now']
del Happiness['marital_1st']
```

对于家庭收入的缺失值，最好的填充方式就是通过均值来进行填充，如以下代码所示。

```
# 家庭收入
```

```
Happiness['family_income'].fillna(Happiness['family_income'].mean(),inplace=
True)
```

运行结果如图 7-9 所示。

Missing Values   percent

●图 7-9　缺失值结果

这样，数据中的缺失值就都被填充完成。下面再来看一下关于时间的变换，如以下代码所示。

```
# 时间变换
Happiness['age'] = pd.to_datetime(
Happiness['survey_time']).dt.year - Happiness['birth']
Happiness.drop(['survey_time', 'birth'], axis=1, inplace=True)
Happiness.drop(['s_birth', 'f_birth', 'm_birth'], axis=1, inplace=True)
```

数据列表中没有年龄列的存在，可以通过上述方法根据每个人的出生日期去计算年龄，然后生成新的年龄列。

7.4.3　数据标准化

对于该数据进行数据标准化的方法，需要找出数据中所有需要标准化的数值型特征（只有数值型特征才能进行标准化），如以下代码所示。

```
# 对数值型特征进行标准化
from sklearn.preprocessing import StandardScaler, MinMaxScaler

numeric_cols = [
  'income', 'height_cm', 'weight_jin', 's_income', 'family_income',
  'family_m', 'house', 'car', 'son', 'daughter', 'minor_child', 'inc_exp',
  'public_service_1', 'public_service_2', 'public_service_3',
  'public_service_4', 'public_service_5', 'public_service_6',
  'public_service_7', 'public_service_8', 'public_service_9', 'floor_area'
]

Happiness[numeric_cols] = (StandardScaler().fit_transform(
  Happiness.loc[:, numeric_cols]))
```

运行结果如图 7-10 所示（部分结果）。

income	political	floor_area
-0.057120	1	-0.805576
-0.057120	1	-0.060765
-0.134383	1	0.053822
-0.115411	1	-0.427441
-0.142972	2	-0.519110

●图 7-10　数值型特征进行标准化

　　本章介绍了数据缺失值的处理、异常值的处理和数据标准化等多种数据预处理的方法，并通过实际的案例进行分析和应用。在进行数据填补时，需要针对具体情况进行具体的分析，最终在进行数据的应用之前要根据实际的需要进行标准化和归一化处理。

扫一扫观看串讲视频

第 8 章

Pandas 数据优化

　　进行数据处理时经常遇到多层索引，数组分组迭代、聚合，以及时间序列等相关问题。多重索引是根据索引进行分组的形式；以时间作为数组的索引是十分常见的，根据时间索引对不同时间所产生的数据进行分割；而 groupby 机制，以及聚合函数又是数据处理中的重中之重。本章主要详解利用数据高阶 Pandas 进行数据处理。

8.1 多层索引

MultiIndex，即具有多个层次的索引，类似于根据索引进行分组的形式。通过多层索引，就可以使用高层次的索引来操作整个索引组的数据。

在创建 Series 或 DataFrame 时，可以通过给 index（columns）参数传递多维数组构建多维索引。数组中每个维度对应位置的元素组成每个索引值。

多维索引也可以设置名称（names 属性），属性的值为一维数组，元素的个数需要与索引的层数相同（每层索引都需要具有一个名称）。

8.1.1 多层索引的创建

通过 MultiIndex 类的相关方法，预先创建一个 MultiIndex 对象，然后作为 Series 与 DataFrame 中的 index 或 columns 参数值。同时通过 names 参数指定多层索引的名称。

1）from_arrays()：接收一个多维数组参数，高维指定高层索引，低维指定底层索引。

2）from_tuples()：接收一个元组的列表，每个元组指定每个索引（高维索引，低维索引）。

3）from_product()：接收一个可迭代对象的列表，根据多个可迭代对象元素的笛卡儿积创建索引。

from_product()相对于前两种方法而言，实现起来相对简单，但是，也存在局限。display()是 Jupyter 特有的展示方式，功能和 print()类似，其他编译器软件不可用。

创建多层索引的第一种方式：使用一个二维数组来创建多层索引。每个元素（一维数组）来指定每个层级的索引；顺序由高层（左边）到低层（右边），如以下代码所示。

```
import numpy as np
import pandas as pd
s = pd.Series([1, 2, 3, 4], index = [["a", "a", "b", "b"], ["c", "d", "e", "f"], ["m", "m", "k", "t"]])
display(s)
```

运行结果如下。

```
a c m   1
  d m   2
b e k   3
  f t   4
dtype: int64
```

同样可以直接指定 index 与 columns，如以下代码所示。

```
df = pd.DataFrame(np.random.random(size = (4, 4)), index = [["上半年", "上半年", "下半年", "下半年"],
```

```
        ["第一季度", "第二季度", "第三季度", "第四季度"]],
        columns=[["水果", "水果", "蔬菜", "蔬菜"], ["苹果", "葡萄", "白菜", "萝卜"]])
display(df)
```

运行结果如图 8-1 所示。

		水果		蔬菜	
		苹果	葡萄	白菜	萝卜
上半年	第一季度	0.546846	0.606135	0.846631	0.910499
	第二季度	0.459031	0.212820	0.577741	0.693653
下半年	第三季度	0.533211	0.426904	0.137698	0.004765
	第四季度	0.494888	0.978054	0.434296	0.566668

●图 8-1　指定 index 和 columns

查看 df. index，如以下代码所示。

```
display(df.index)
```

运行结果如下。

```
MultiIndex([('上半年', '第一季度'),
        ('上半年', '第二季度'),
        ('下半年', '第三季度'),
        ('下半年', '第四季度')],
        )
```

查看 df. columns，如以下代码所示。

```
display(df.columns)
```

运行结果如下。

```
MultiIndex([('水果', '苹果'),
        ('水果', '葡萄'),
        ('蔬菜', '白菜'),
        ('蔬菜', '萝卜')],
        )
```

如果是单层索引，可以通过索引对象的 name 属性来设置索引的名称。如果是多层索引，也可以设置索引的名称，此时，设置名称的属性为 names（通过一维数组来设置）。每层索引都具有名称，如以下代码所示。

```
s = pd.Series([1], index=["a"])
s.index.name = "索引名称"
display(s)
```

运行结果如下。

```
索引名称
```

```
a   1
dtype: int64
```

添加类别，如以下代码所示。

```
df.index.names = ["年度","季度"]
df.columns.names = ["大类别","小类别"]
display(df)
```

运行结果如图 8-2 所示。

大类别		水果		蔬菜	
	小类别	苹果	葡萄	白菜	萝卜
年度	季度				
上半年	第一季度	0.317720	0.619036	0.692750	0.153708
	第二季度	0.998231	0.643511	0.958750	0.020414
下半年	第三季度	0.183246	0.989654	0.491085	0.639319
	第四季度	0.029409	0.530607	0.979171	0.504353

● 图 8-2　index、columns 添加类别

创建多层索引的第二种方式：使用 from_arrays() 函数或 from_tuples() 函数创建索引。from_arrays() 的参数为一个二维数组，每个元素（一维数组）来分别指定每层索引的内容。from_tuples() 的参数为一个嵌套的可迭代对象，元素为元组类型。元组的格式为：（高层索引内容，低层索引内容），如以下代码所示。

```
mindex = pd.MultiIndex.from_arrays([["上半年","上半年","下半年","下半年"],["1 季度","2 季度","3 季度","4 季度"]])
mindex = pd.MultiIndex.from_tuples([("上半年","1 季度"),("上半年","2 季度"),("下半年","3 季度"),("下半年","4 季度")])
print(mindex)
```

运行结果如下。

```
MultiIndex([('上半年','1 季度'),
            ('上半年','2 季度'),
            ('下半年','3 季度'),
            ('下半年','4 季度')],
           )
```

创建多层索引的第三种方式：使用笛卡儿积的方式来创建多层索引。参数为嵌套的可迭代对象。结果使用每个一维数组中的元素与其他一维数组中的元素来生成，如以下代码所示。

```
mindex = pd.MultiIndex.from_product([["a","b"],["c","d"]], names=["outer","inner"])
print(mindex)
```

运行结果如下。

```
MultiIndex([('a', 'c'),
            ('a', 'd'),
            ('b', 'c'),
            ('b', 'd')],
           names = ['outer', 'inner'])
```

三种方式都可以创建 MultiIndex 类型的对象。三种方式相比，第三种方式（笛卡儿积的方式）更加简便，但是也具有一定的局限，即两两组合必须都存在，否则，就不能使用这种方式。在创建多层索引对象时，可以通过 names 参数来指定每个索引层级的名称，如以下代码所示。

```
df = pd.DataFrame(np.random.random(size = (4, 4)),index = mindex)
print(df.index)
```

运行结果如下。

```
MultiIndex([('a', 'c'),
            ('a', 'd'),
            ('b', 'c'),
            ('b', 'd')],
           names = ['outer', 'inner'])
```

8.1.2　多层索引操作

多层索引同样也支持单层索引的相关操作，例如，索引元素、切片和索引数组选择元素等。也可以根据多级索引，按层次逐级选择元素。

操作格式包括：① s［操作］。② s.loc［操作］。③ s.iloc［操作］。其中，操作可以是索引、切片、数组索引和布尔索引。

8.1.3　Series 多层索引

通过 loc（标签索引）操作，可以利用多层索引获取该索引所对应的一组值；通过 iloc（位置索引）操作，会获取对应位置的元素值（与是否多层索引无关）；直接通过 s［操作］的行为较复杂，不建议使用。其中，索引（单级）首先按照标签进行选择，如果标签不存在，则按照位置进行选择，如以下代码所示。

```
s = pd.Series([1, 2, 3, 4], index = [["a", "a", "b", "b"], ["c", "d", "e", "f"]])
# 多层索引的优势,可以一次获取一组元素(值)
print(s.loc["a"])
```

运行结果如下。

```
c   1
d   2
dtype: int64
```

可以沿着索引层次进行访问，如以下代码所示。

```
print(s.loc["a", "d"])
```

运行结果如下。

```
2
```

通过位置索引访问元素，与多层索引没有任何关系，如以下代码所示。

```
print(s.iloc[0])
```

运行结果如下。

```
1
```

进行 loc( )函数切片，如以下代码所示。

```
print(s.loc["a":"b"])
```

运行结果如下。

```
a c   1
  d   2
b e   3
  f   4
dtype: int64
```

进行 iloc( )函数切片，如以下代码所示。

```
s.iloc[0:2]
```

运行结果如下。

```
a c   1
  d   2
dtype: int64
```

8.1.4　DataFrame 多层索引

索引可以根据标签获取相应的列，如果是多层索引，则可以获得多列；数组索引也可以根据标签获取相应的列，如果是多层索引，则可以获得多列；切片首先按照标签进行索引，然后再按照位置进行索引取行，如以下代码所示。

```
df = pd.DataFrame(np.random.random(size=(4, 4)), index=[["a", "a", "b", "b"], ["c", "d", "c", "d"]],
```

```
             columns=[["a", "a", "b", "b"], ["c", "d", "c", "d"]])
display(df)
```

运行结果如图 8-3 所示。

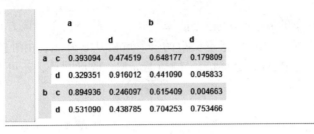

●图 8-3　DataFrame 多层索引展示

进行 loc("a") 函数切片，如以下代码所示。

```
print(df.loc["a"])
```

运行结果如下。

```
(325, 12)
     a                 b
     c        d        c        d
c 0.393094 0.474519 0.648177 0.179809
d 0.329351 0.916012 0.441090 0.045833
```

进行 loc("a":"c") 函数切片，如以下代码所示。

```
print(df.loc["a", "c"])
```

运行结果如下。

```
(325, 12)
a c   0.393094
  d   0.474519
b c   0.648177
  d   0.179809
Name: (a, c), dtype: float64
```

通过位置访问元素与是否多层索引无关，如以下代码所示。

```
df.iloc[0]
```

运行结果如下。

```
a c   0.942571
  d   0.741371
b c   0.334529
```

```
  d   0.385456
Name: (a, c), dtype: float64
```

1. 交换索引

调用 DataFrame 对象的 swaplevel( ) 方法来交换两个层级索引。该方法默认将倒数第 2 层与倒数第 1 层进行交换。也可以指定交换的层。层次从 0 开始，由外向内递增（或者由上到下递增），也可以指定负值，负值表示倒数第 n 层。除此之外，还可以使用层次索引的名称来进行交换。

2. 索引排序

使用 sort_index( ) 方法对索引进行排序处理。

1）level：指定根据哪一层进行排序，默认为最外（上）层。该值可以是数值、索引名，或者是由二者构成的列表。

2）inplace：是否立即修改。默认为 False。

交换索引的层级，可以以一种不同的方式来进行展示（统计），如以下代码所示。

```
df = pd.DataFrame(np.random.random(size=(4, 4)), index=[["a", "a", "b", "b"],
        ["north", "north", "south", "south"], [2017, 2018, 2017, 2018]])
display(df)
# display()是 Jupyter 特有的展示方式,功能和 print()类似,其他软件不可用
```

运行结果如图 8-4 所示。

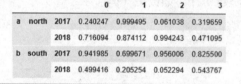

			0	1	2	3
a	north	2017	0.240247	0.999495	0.061038	0.319659
		2018	0.716094	0.874112	0.994243	0.471095
b	south	2017	0.941985	0.699671	0.956006	0.825500
		2018	0.499416	0.205254	0.052294	0.543767

●图 8-4　交换索引展示

从外层到内层，值为 0、1、2…，同时，层级也可以为负值，表示倒数第 n 个层级（由内层到外层）。例如，–1 表示最内层。如果没有显式指定交换的层级，则默认交换最内层的两个层级，如以下代码所示。

```
df = df.swaplevel(0, 2)
#除了数值来指定索引的层级外,也可以通过索引的名字来指定索引的层级
df.index.names = ["x", "area", "year"]
df.swaplevel("area", "year")
display(df)
```

运行结果如图 8-5 所示。

sort_index( ) 方法对索引进行排序，如以下代码所示。

```
display(df.sort_index())
```

x	area	year	0	1	2	3
2017	north	a	0.935201	0.367297	0.804299	0.345343
2018	north	a	0.340443	0.427399	0.021689	0.780131
2017	south	b	0.033625	0.137655	0.927433	0.463041
2018	south	b	0.063774	0.750334	0.251636	0.734800

●图 8-5　通过索引的名字来指定索引的层级

运行结果如图 8-6 所示。

x	area	year	0	1	2	3
2017	north	a	0.187428	0.267810	0.384580	0.721684
	south	b	0.168194	0.813998	0.229908	0.769333
2018	north	a	0.114698	0.065570	0.418896	0.517419
	south	b	0.796716	0.932288	0.634548	0.759309

●图 8-6　对索引排序

在对索引进行排序时，通过 level 参数指定索引的层级（排序的层级）。如果没有显式指定，则默认为最外层的层级（层级为 0）。对某个层级进行排序时，该层级的所有内层层级也会进行排序。

定义多层索引，如以下代码所示。

```
df = pd.DataFrame(np.random.random(size=(4,4)),index=[["b","a","c","c"],
        ["c","y","k","k"],[3,-2,5,2]])
display(df)
```

运行结果如图 8-7 所示。

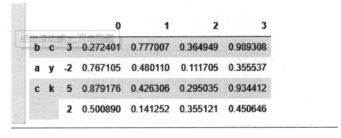

			0	1	2	3
b	c	3	0.272401	0.777007	0.364949	0.989308
a	y	-2	0.767105	0.480110	0.111705	0.355537
c	k	5	0.879176	0.426306	0.295035	0.934412
		2	0.500890	0.141252	0.355121	0.450646

●图 8-7　多层索引

sort_index()方法对索引进行排序，如以下代码所示。

```
display(df.sort_index())
```

运行结果如图 8-8 所示。

查看 sort_index() 函数中 level 为 1 的值，如以下代码所示。

```
display(df.sort_index(level=1))
```

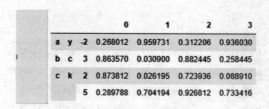

●图 8-8　对索引排序

运行结果如图 8-9 所示。

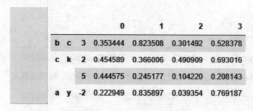

●图 8-9　查看 sort_index( ) 函数中 level 为 1 值

3. 索引堆叠

通过 DataFrame 对象的 stack( ) 方法可以进行索引堆叠，即将指定层级的列转换成行。
level 是指定转换的层级。

创建索引堆叠，如以下代码所示。

```
df = pd.DataFrame(np.random.random(size=(4, 4)), index=[["a", "a", "b", "b"], ["c", "d", "c", "d"]],
              columns=[["x", "x", "y", "y"], ["m", "n", "m", "n"]])
display(df)
```

运行结果如图 8-10 所示。

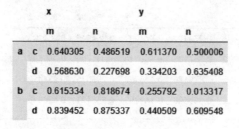

●图 8-10　索引堆叠展示图

列索引变成行索引，如以下代码所示。

```
display(df.stack())
```

运行结果如图 8-11 所示。

可以通过 level 参数指定堆叠的层级，默认为-1（最里面的层级），如以下代码所示。

```
display(df.stack(0))
```

运行结果如图 8-12 所示。

			x	y
a	c	m	0.624945	0.883270
		n	0.394550	0.760575
	d	m	0.011427	0.832751
		n	0.876193	0.286979
b	c	m	0.222318	0.635375
		n	0.850938	0.652327
	d	m	0.012512	0.737216
		n	0.710564	0.730402

●图 8-11 列索引变行索引

			m	n
a	c	x	0.542725	0.127941
		y	0.882447	0.475460
	d	x	0.283482	0.071588
		y	0.452694	0.594868
b	c	x	0.123476	0.105706
		y	0.696675	0.065838
	d	x	0.664467	0.628609
		y	0.020460	0.636124

●图 8-12 指定堆叠层级

4. 取消堆叠

通过 DataFrame 对象的 unstack( )方法可以取消索引堆叠,即将指定层级的行转换成列。

1) level:指定转换的层级,默认为-1。

2) fill_value:指定填充值。

默认为 NaN 的索引取消堆叠,行索引变成列索引,如以下代码所示。

```
df = pd.DataFrame(np.random.random(size=(3, 4)), index=[["a", "a", "b"], ["c", "d", "c"]],
            columns=[["x", "x", "y", "y"], ["m", "n", "m", "n"]])
display(df.unstack(level=-1))
```

运行结果如图 8-13 所示。

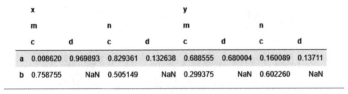

	x				y			
	m		n		m		n	
	c	d	c	d	c	d	c	d
a	0.008620	0.969893	0.829361	0.132638	0.688555	0.680004	0.160089	0.13711
b	0.758755	NaN	0.505149	NaN	0.299375	NaN	0.602260	NaN

●图 8-13 行索引转换为列索引

使用 stack( )方法指定层级的列转换成行,如以下代码所示。

```
display(df.stack())
```

运行结果如图 8-14 所示。

如果索引不是一一对应的,在堆叠或者取消堆叠时,就可能会产生空值 NaN。使用 fill_value 参数来填充空值,如以下代码所示。

```
df.unstack(level=-1, fill_value=0)
display(df)
```

运行结果如图 8-15 所示。

			x	y
a	c	m	0.256053	0.829382
		n	0.783165	0.202232
	d	m	0.101863	0.181350
		n	0.681592	0.762087
b	c	m	0.221215	0.976353
		n	0.836268	0.236484

●图 8-14　行索引转换为列索引

		x		y	
		m	n	m	n
a	c	0.907663	0.395884	0.679477	0.646858
	d	0.734643	0.678217	0.375201	0.873516
b	c	0.667691	0.912633	0.061180	0.179017

●图 8-15　填充空值

8.2　groupby 应用机制

通过 groupby()方法来对 Series 或 DataFrame 对象实现分组操作，该方法会返回一个分组对象：Series 分组返回 SeriesGroupBy 对象；DataFrame 分组返回 DataFrameGroupBy 对象。

8.2.1　分组对象

如果直接查看分组对象，并不能看到任何的分组信息，这点不同于列表类型。分组对象是可迭代对象类型（Iterable），因此，可以采用如下的方式进行遍历。

1）获取迭代器进行迭代。迭代每次会返回一个元组，第 1 个元素为用来分组的 key，第 2 个元素为该组对应的数据。

2）使用 for 循环来对分组对象进行迭代。

3）对于多个字段分组，迭代返回元组的第一个元素（分组的 key），依然还是一个元组。

分组对象的属性与方法：groups（属性）返回一个字典类型对象，包含分组信息；size 返回每组记录的数量；discribe 分组查看统计信息；get_group 接受一个组名（key），返回该组对应的数据。

8.2.2　通过 by 参数进行分组

使用 groupby()进行分组时，可以通过参数 by 指定分组。

1）字符串或字符串数组：指定分组的列名或索引名。如果索引没有命名，可以使用 pd. Grouper(level=1)来指定索引的层级。

2）字典或 Series：key 指定索引，value 指定分组依据，即 value 值相等的会分为一组。

3）数组（列表）：会根据数组的值进行对位分组。长度需要与列（行）相同。

4）函数：接受索引，返回分组依据的 value 值。

使用 groupby()分组时，可以使用 sort 参数指定是否对分组的 key 进行排序，默认为 True，指定 False 可以提高性能。

8.2.3 通过 level 参数进行分组

通过 level 指定索引的层级，groupby( )会将该层级索引值相同的数据进行分组。level 可以是整数值和索引名。分组可以调用 groupby( )方法，参数指定分组的依据（标签）。使用 groupby( )分组后，会返回一个分组对象（DataFrameGroupBy 类型的对象），如以下代码所示。

```
df = pd.DataFrame([[1, 2, 3], [2, 4, 5], [1, 6, 7], [2, 10, 8]])
display(df)
group = df.groupby(0)
print(group)
```

运行结果如图 8-16 所示。

	0	1	2
0	1	2	3
1	2	4	5
2	1	6	7
3	2	10	8

```
<pandas.core.groupby.generic.DataFrameGroupBy object at 0x00000171940535C8>
```

●图 8-16　进行分组并返回分组对象

在 DataFrameGroupBy 对象上获取一列，会得到 SeriesGroupBy 类型的对象。类似于在 DataFrame 对象上获取一列，会得到 Series 对象，如以下代码所示。

```
print(group[1])
```

运行结果如下。

```
<pandas.core.groupby.generic.SeriesGroupBy object at 0x0000022BBCE24EC8>
```

如果输出分组对象，是无法查看到分组数据的。因为分组对象类似于迭代器（生成器），其分组数据是在迭代时动态的计算的，而不是事先就计算好的，如以下代码所示。

```
display(group)
```

运行结果如下。

```
<pandas.core.groupby.generic.DataFrameGroupBy object at 0x0000022BBD0A3388>
```

获取迭代器，如以下代码所示。

```
i = group.__iter__()
key, df2 = i.__next__()
```

```
i = iter(group)
key, df2 = next(i)
display(key, df2)
```

运行结果如图 8-17 所示。

1

●图 8-17　获取迭代器

通过 for 循环来获取分组对象的数据。group 中的每个数据 item 是一个元组类型，如以下代码所示。

```
for item in group:
    display(item)
```

运行结果如下。

```
(1,
   0 1 2
0 1 2 3
2 1 6 7)
(2,
   0   1 2
1 2   4 5
3 2 10 8)
```

解析分组对象的属性与方法，如以下代码所示。

```
df = pd.DataFrame([[1, 2, 3], [2, 4, 5], [1, 6, 7], [2, 10, 8]])
display(df)
g = df.groupby(0)
```

运行结果如图 8-18 所示。

返回分组信息（字典类型）。字典的 key 就是用于分组的 key，字典的 value 为每组数据的索引，如以下代码所示。

```
print(g.groups)
```

运行结果如下。

```
{1: Int64Index([0, 2], dtype='int64'), 2: Int64Index([1, 3], dtype='int64')}
```

返回每个分组记录的数量，如以下代码所示。

	0	1	2
0	1	2	3
1	2	4	5
2	1	6	7
3	2	10	8

●图 8-18　查看分组对象的属性与方法

```
print(g.size())
```

运行结果如下。

```
0
1   2
2   2
dtype: int64
```

类似于 DataFrame 的 describe( )。显示每个每组的统计信息，如以下代码所示。

```
display(g.describe())
```

运行结果如图 8-19 所示。

	1								2							
	count	mean	std	min	25%	50%	75%	max	count	mean	std	min	25%	50%	75%	max
0																
1	2.0	4.0	2.828427	2.0	3.0	4.0	5.0	6.0	2.0	5.0	2.828427	3.0	4.00	5.0	6.00	7.0
2	2.0	7.0	4.242641	4.0	5.5	7.0	8.5	10.0	2.0	6.5	2.121320	5.0	5.75	6.5	7.25	8.0

●图 8-19　每组的统计信息

根据参数指定的 key 值，返回该 key 值对应的分组数据，如以下代码所示。

```
g.get_group(1)
```

运行结果如图 8-20 所示。

	0	1	2
0	1	2	3
2	1	6	7

●图 8-20　key 值对应的分组数据

根据字典类型进行分组。字典的 key 用来指定标签、行索引或列索引。字典的 value 用来指定该标签所属的分组，最终会将 value 值相同的标签划分到一个分组当中，如以下代码所示。

```
g = df.groupby({0:10, 1:20, 2:20, 3:10})
```

```
# 分组时,还可以根据列进行分组(通过设置 axis=1)
g = df.groupby({0:10, 1:20, 2:20}, axis=1)
```

根据数组类型进行分组时，数组的元素需要与标签的个数相同，数组的值指定对应位置的标签所属的分组。最终会将值相同的标签划分到一个分组中。

参数为字典进行分组与参数为数组进行分组：前者可以看作是根据索引进行对齐，后者可以看作是根据位置进行对齐，如以下代码所示。

```
g = df.groupby([200, 200, 100, 100])
g = df.groupby([200, 100, 100], axis=1)
```

根据函数进行分组时，函数需要定义一个参数，参数用来接受每个索引，函数具有返回值，返回值指定该索引对应的分组。最终会将返回值相同的索引划分到一个分组中，如以下代码所示。

```
def f(item):
  return item % 2
g = df.groupby(f, axis=0)# 在 Python 中,列表的切片返回的是浅拷贝
```

默认情况下，分组之后的结果会根据分组的 key 值进行排序。

可以在 groupby( )中将 sort 参数指定为 False，取消排序。这样可以提高一定的性能。一个对象如果改变了底层的数据（数组的元素），将会对另外一个对象造成影响，如以下代码所示。

```
g = df.groupby([200, 200, 100, 100], sort=False)
for k, v in g:
  display(k, v)print(b)
```

运行结果如图 8-21 所示。

200

	0	1	2
0	1	2	3
1	2	4	5

100

	0	1	2
2	1	6	7
3	2	10	8

●图 8-21　取消排序

8.2.4　分组聚合

所谓聚合，就是执行多个值变成一个值的操作。而在 Python 中，就是将一个矢量（数

组）变成标量。在分组之后就可以调用分组对象的 mean( ) 和 sum( ) 等聚合函数，对每个分组进行聚合。

在聚合的结果集中，默认会使用分组的键作为索引，可以在 groupby( ) 方法中通过 as_index 参数来控制。也可以在聚合之后调用 reset_index( ) 方法来实现 as_index = False 的功能。

进行分组之后就可以针对每个组进行聚合，即统计，在分组对象上调用聚合方法，如以下代码所示。

```
df = pd.DataFrame([[1, 2, 3], [2, 4, 5], [1, 6, 7], [2, 10, 8]])
group = df.groupby(0)
# 在分组对象上调用聚合方法
group.sum()
```

运行结果如图 8-22 所示。

在分组上进行聚合时，默认会使用分组的 key 值来充当索引。

groupby( ) 方法中，通过 as_index 参数来设置是否使用分组的 key 来充当索引，默认为 True，如以下代码所示。

```
group = df.groupby(0, as_index=False)
# as_index 设置为 False,生成从 0 开始,增量为 1 的索引
group.sum()
```

运行结果如图 8-23 所示。

	1	2
0		
1	8	10
2	14	13

●图 8-22　在分组对象上调用聚合方法

	0	1	2
0	1	8	10
1	2	14	13

●图 8-23　获取从 0 开始增量为 1 索引

如果指定 as_index 为 True，也可以后续调用 reset_index( ) 方法来重置索引，从而实现跟 as_index = False 同样的效果，如以下代码所示。

```
group = df.groupby(0, as_index=True)
r = group.sum()
r.reset_index(drop=True)
```

运行结果如图 8-24 所示。

	1	2
0	8	10
1	14	13

●图 8-24　reset_index( ) 方法重置索引

8.2.5　agg 聚合

使用 DataFrame 或者分组对象的 agg( )/aggregate( ) 方法实现多个聚合操作, 该方法可以接受的形式有: 字符串函数名、函数对象和列表。agg( )/aggregate( ) 方法可提供多个函数 (函数名), 进行多种聚合。字典可针对不同的列实现不同的聚合方式。

对于分组对象, 会使用函数名作为聚合之后的列名。如果需要自定义列名, 可以提供元组的列表, 格式为: [(列名 1, 聚合函数 1) , (列名 2, 聚合函数 2) , …] 。

通过 agg( )/aggregate( ) 方法可以实现更灵活或者自定义的聚合。其参数为 str 类型, str 指定聚合的操作。

示例: 参数为不同类型时实现聚合, 如以下代码所示。

```
df = pd.DataFrame([[1, 2, 3], [2, 4, 5], [1, 6, 7], [2, 10, 8]])
g = df.groupby(0)
# 相当于调用 g.sum()
g.agg("sum")
```

运行结果如图 8-25 所示。

参数为函数对象实现聚合。参数为列表时, 列表元素指定函数名或字符串聚合操作, 这样能够实现多种聚合, 如以下代码所示。

```
# 参数为函数对象
g.agg(np.sum)
# 参数为列表类型
g.agg(["mean", "sum"])
```

运行结果如图 8-26 所示。

●图 8-25　使用 agg( ) 函数　　　　●图 8-26　参数为列表类型

可以在 DataFrameGroupby 对象上提取一列, 可以得到 SeriesGroupby 类型的对象。此时, 就仅针对该列进行聚合, 如以下代码所示。

```
g[1].agg(["mean", "sum"])
```

运行结果如图 8-27 所示。

默认情况下, 进行聚合后, 会将聚合操作作为列索引 (列标签) , 可以自行来指定聚合之后的列标签。agg( )/aggregate( ) 方法提供元组类型, 格式为 [(列标签 1, 操作 1) , (类标签 2, 操作 2) …] , 如以下代码所示。

```
g.agg([("平均值", "mean"), ("求和", "sum")])
```

运行结果如图 8-28 所示。

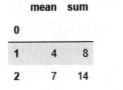
●图 8-27　针对某列进行聚合

●图 8-28　求取平均值

参数为字典类型，字典的 key 指定聚合的列，字典的 value 指定聚合的操作。这样就可以为不同的列指定不同的聚合操作，如以下代码所示。

```
g.agg({1:"mean",2:"sum"})
```

运行结果如图 8-29 所示。
不同的列指定不同的聚合操作，如以下代码所示。

```
g.agg({1:["mean", "sum"], 2:["max", "min"]})
```

运行结果如图 8-30 所示。

●图 8-29　不同列指定不同聚合操作-1

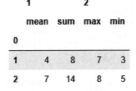
●图 8-30　不同列指定不同聚合操作-2

通过 agg() 实现自定义的聚合。定义一个函数，函数具有一个参数（接收每个列的每个分组信息），函数的返回值为该分组进行聚合之后的结果，如以下代码所示。

```
def f(item):
  # 实现最大值-最小值的聚合
  # display(item)
  return item.max() - item.min()
g.agg(f)
```

运行结果如图 8-31 所示。

●图 8-31　函数返回值为分组聚合结果

8.2.6　apply()函数

分组对象可以调用 apply() 函数。apply() 函数需要传入一个操作函数，该函数会依次接收每个分组的数据，并在函数体中进行处理，返回处理之后的结果。最后，apply()会将每个分组调用函数的返回结果合并（concat），作为最终的处理结果。

apply()函数除了必要的一个参数（用来接收每个分组的数据）外，还可以定义额外的参数。其他参数可以在调用apply()时，一并传入（置于参数函数的后面）。

在apply()分组中，传入每个组的数据，name属性为该分组键的值。使用apply()方法实现与group.describe()类似的功能，如以下代码所示。

```
def f(item):
  display(type(item))
  return item.describe()
```

分组对象的流程与结构上，与Series或DataFrame的apply()方法是类似的。分组对象的apply()方法，也需要一个函数对象作为参数。该函数对象需要定义一个参数（用来接收每次传递过来的一个分组），并且具有返回值。然后使用返回值替换传递给函数的参数，如以下代码所示。

```
# 第一个分组会传递两次
df = pd.DataFrame([[1, 2, 3], [2, 4, 5], [1, 6, 7], [2, 10, 8]])
g = df.groupby(0)
g.apply(f)
```

运行结果如图8-32所示。

pandas.core.frame.DataFrame

pandas.core.frame.DataFrame

0		0	1	2
1	count	2.0	2.000000	2.000000
	mean	1.0	4.000000	5.000000
	std	0.0	2.828427	2.828427
	min	1.0	2.000000	3.000000
	25%	1.0	3.000000	4.000000
	50%	1.0	4.000000	5.000000
	75%	1.0	5.000000	6.000000
	max	1.0	6.000000	7.000000
2	count	2.0	2.000000	2.000000
	mean	2.0	7.000000	6.500000
	std	0.0	4.242641	2.121320
	min	2.0	4.000000	5.000000
	25%	2.0	5.500000	5.750000
	50%	2.0	7.000000	6.500000
	75%	2.0	8.500000	7.250000
	max	2.0	10.000000	8.000000

●图8-32　分组两次传参

使用 describe( ) 方法进行展示，如以下代码所示。

```
g.describe()
```

运行结果如图 8-33 所示。

	1								2							
	count	mean	std	min	25%	50%	75%	max	count	mean	std	min	25%	50%	75%	max
0																
1	2.0	4.0	2.828427	2.0	3.0	4.0	5.0	6.0	2.0	5.0	2.828427	3.0	4.00	5.0	6.00	7.0
2	2.0	7.0	4.242641	4.0	5.5	7.0	8.5	10.0	2.0	6.5	2.121320	5.0	5.75	6.5	7.25	8.0

● 图 8-33　分组两次传参

8.3　时间序列

时间序列就是按照时间先后进行排序的一组数据。这与之前接触的数据有所不同，之前的一组数据，观测值之间是没有关联的，而时间序列数据却有紧密的关联。时间序列应用非常广泛，如金融、电商及医疗等多个领域。

在 Pandas 库中，就提供了很多关于时间序列数据的处理方法。通过 Pandas 库可以非常方便地处理时间序列数据。

8.3.1　创建时间索引

时间序列数据可以通过 Series 来存储，Series 的索引（Index）用来存储时间信息，而 Series 的值（values）用来存储对应时间点的数据。

如果要创建时间序列的数据，先要为 Series 对象创建相关的时间索引。在 Pandas 中，可以通过 data_range( ) 方法来创建时间索引，如以下代码所示。

```
import pandas as pd
pd.date_range(start="2010-01-01", end="2010-12-31")
```

运行结果如下。

```
DatetimeIndex(['2010-01-01', '2010-01-02', '2010-01-03', '2010-01-04',
               '2010-01-05', '2010-01-06', '2010-01-07', '2010-01-08',
               '2010-01-09', '2010-01-10',
               ...
               '2010-12-22', '2010-12-23', '2010-12-24', '2010-12-25',
               '2010-12-26', '2010-12-27', '2010-12-28', '2010-12-29',
               '2010-12-30', '2010-12-31'],
              dtype='datetime64[ns]', length=365, freq='D')
```

data_range( ) 方法返回了一个 DatetimeIndex 类型的对象，就是日期时间索引类型。其中参数的含义如下。①start 指定开始的日期与时间。②end 指定结束的日期与时间。③ freq 指定日期时间的频率，即前后两个时间元素所间隔的时间长度。④M 表示月，即前后两个时间间隔为 1 个月。如果没有指定，则默认为 D（日）。

可以指定频率，常用的频率见表 8-1。

表 8-1　常用的频率表

别　名	描　述
B	工作日
D	日
W	周
M	月（结尾）
MS	月（开头）
A／Y	年（结尾）
AS／YS	年（开头）
H	小时
T／min	分钟
S	秒
L／ms	毫秒
U／us	微秒
N	纳秒

除此之外，可以指定表 8-1 中频率的整数倍作为新的频率，如以下代码所示。

```
pd.date_range(start = "2010-01-01", end = "2010-12-31", freq = "2M")
```

运行结果如下。

```
DatetimeIndex(['2010-01-31', '2010-03-31', '2010-05-31', '2010-07-31',
        '2010-09-30', '2010-11-30'],
        dtype='datetime64[ns]', freq='2M')
```

periods 参数用来指定返回时间索引包含的元素个数，如以下代码所示。

```
#根据 start 与 end 自动计算 freq(频率).
pd.date_range(start = "2010-01-01", end = "2010-12-31", periods = 10)
```

运行结果如下。

```
DatetimeIndex(['2010-01-01 00:00:00', '2010-02-10 10:40:00',
        '2010-03-22 21:20:00', '2010-05-02 08:00:00',
        '2010-06-11 18:40:00', '2010-07-22 05:20:00',
        '2010-08-31 16:00:00', '2010-10-11 02:40:00',
        '2010-11-20 13:20:00', '2010-12-31 00:00:00'],
        dtype='datetime64[ns]', freq=None)
```

也可以不指定 end，此时会根据 start、freq 与 periods 来计算，如以下代码所示。

```
pd.date_range(start="2010-01-01", freq="2D", periods=10)
```

运行结果如下。

```
DatetimeIndex(['2010-01-01', '2010-01-03', '2010-01-05', '2010-01-07',
               '2010-01-09', '2010-01-11', '2010-01-13', '2010-01-15',
               '2010-01-17', '2010-01-19'],
              dtype='datetime64[ns]', freq='2D')
```

8.3.2　通过日期时间索引获取元素

当创建好日期时间索引后，将该索引对象指派给 Series 对象的 index 即可，如以下代码所示。

```
import pandas as pd
index = pd.date_range(start="2010-01-01", end="2013-01-01", periods=100)
s = pd.Series(np.arange(len(index)), index=index)
print(s)
```

运行结果如下。

```
2010-01-01 00:00:00.000000000    0
2010-01-12 01:41:49.090909090    1
2010-01-23 03:23:38.181818181    2
2010-02-03 05:05:27.272727272    3
2010-02-14 06:47:16.363636363    4
                                 ..
2012-11-17 17:12:43.636363632   95
2012-11-28 18:54:32.727272720   96
2012-12-09 20:36:21.818181808   97
2012-12-20 22:18:10.909090912   98
2013-01-01 00:00:00.000000000   99
Length: 100, dtype: int32
```

同时，通过字符串 str 类型来获取 Series 对象中的元素。返回所有 2010 年的数据，如以下代码所示。

```
s.loc["2010"]
```

运行结果如下。

```
2010-01-01 00:00:00.000000000    0
2010-01-12 01:41:49.090909090    1
2010-01-23 03:23:38.181818181    2
2010-02-03 05:05:27.272727272    3
...省略中间结果
```

```
2010-11-29 02:54:32.727272728    30
2010-12-10 04:36:21.818181816    31
2010-12-21 06:18:10.909090908    32
dtype: int32
```

日期时间索引也支持切片的格式，如以下代码所示。

```
s.loc["2010-01":"2010-02"]
```

运行结果如下。

```
2010-01-01 00:00:00.000000000    0
2010-01-12 01:41:49.090909090    1
2010-01-23 03:23:38.181818181    2
2010-02-03 05:05:27.272727272    3
2010-02-14 06:47:16.363636363    4
2010-02-25 08:29:05.454545454    5
dtype: int32
```

使用 Series 的 truncate( )方法来实现数据的截断。将 before 参数指定时间之前的数据截断（丢弃），如以下代码所示。

```
s.truncate(before="2012-11-17")
```

运行结果如下。

```
2012-11-17 17:12:43.636363632    95
2012-11-28 18:54:32.727272720    96
2012-12-09 20:36:21.818181808    97
2012-12-20 22:18:10.909090912    98
2013-01-01 00:00:00.000000000    99
dtype: int32
```

除了 before 之外，也可以指定 after 参数，或者两个参数同时指定，表示返回介于两个参数指定时间之间的数据，如以下代码所示。

```
s.truncate(before="2012-11-17", after="2012-12-12")
```

运行结果如下。

```
2012-11-17 17:12:43.636363632    95
2012-11-28 18:54:32.727272720    96
2012-12-09 20:36:21.818181808    97
dtype: int32
```

8.3.3 重采样

重采样是时间序列数据一种经常性的操作，是指改变现有时间序列数据的频率。重采样分为降采样和升采样。降采样将高频数据转换成低频数据；升采样将低频数据转换成高频数据。

1. 降采样

创建一个 Series 对象，如以下代码所示。

```
import pandas as pd
index = pd.date_range(start = "2010-01-01 05:00:00", freq = "min", periods = 10)
s = pd.Series(np.arange(len(index)), index = index)
print(s)
```

运行结果如下。

```
2010-01-01 05:00:00    0
2010-01-01 05:01:00    1
2010-01-01 05:02:00    2
2010-01-01 05:03:00    3
2010-01-01 05:04:00    4
2010-01-01 05:05:00    5
2010-01-01 05:06:00    6
2010-01-01 05:07:00    7
2010-01-01 05:08:00    8
2010-01-01 05:09:00    9
Freq: T, dtype: int32
```

然后在此基础上进行降采样，将频率变成 2 min，并求和，如以下代码所示。

```
s.resample("2min").sum()
```

运行结果如下。

```
2010-01-01 05:00:00     1
2010-01-01 05:02:00     5
2010-01-01 05:04:00     9
2010-01-01 05:06:00    13
2010-01-01 05:08:00    17
Freq: 2T, dtype: int32
```

由上可知，降采样类似于进行分组，然后对组内的数据进行聚合。实际上，在降采样时，相当于将现有的数据集划分为若干个桶（区间），区间的长度就是指定的频率，以当前的数据为例，划分的区间见表 8-2。

表 8-2 5 个区间详细划分

区　　间	范　　围
区间 1	2010-01-01 05∶00∶00 ~ 2010-01-01 05∶02∶00
区间 2	2010-01-01 05∶02∶00 ~ 2010-01-01 05∶04∶00

（续）

区 间	范 围
区间 3	2010-01-01 05：04：00 ~ 2010-01-01 05：06：00
区间 4	2010-01-01 05：06：00 ~ 2010-01-01 05：08：00
区间 5	2010-01-01 05：08：00 ~ 2010-01-01 05：10：00

默认情况下，划分的区间是左闭右开的，即每个区间段包含左边元素的值，不包含右边元素的值，例如，区间 2010-01-01 05：00：00 ~ 2010-01-01 05：02：00 包含的元素如图 8-34 所示。

2010-01-01 05:00:00   0
2010-01-01 05:01:00   1

● 图 8-34 05：00：00 ~ 05：02：00 包含元素

但是不包含 2010-01-01 05：02：00。从统计求和（sum）的结果中，可以看出，该区间的求和结果为 1，而不是 3。

通过设置 closed 参数来更改区间的边界，该参数的取值可以是 left 和 right。

1）left：区间左闭右开，即区间包含左边元素，不包含右边元素。（默认值）

2）right：区间左开右闭，即区间包含右边元素，不包含左边元素。

区间为 right，如以下代码所示。

```
s.resample("2min", closed="right").sum()
```

运行结果如下。

```
2010-01-01 04:58:00    0
2010-01-01 05:00:00    3
2010-01-01 05:02:00    7
2010-01-01 05:04:00    11
2010-01-01 05:06:00    15
2010-01-01 05:08:00    9
Freq: 2T, dtype: int32
```

区间的划分见表 8-3。

表 8-3　6 个区间详细划分

区 间	范 围
区间 1	2010-01-01 04：58：00 ~ 2010-01-01 05：00：00
区间 2	2010-01-01 05：00：00 ~ 2010-01-01 05：02：00
区间 3	2010-01-01 05：02：00 ~ 2010-01-01 05：04：00
区间 4	2010-01-01 05：04：00 ~ 2010-01-01 05：06：00
区间 5	2010-01-01 05：06：00 ~ 2010-01-01 05：08：00
区间 6	2010-01-01 05：08：00 ~ 2010-01-01 05：10：00

这次使用了左开右闭的统计方式，该区间是不包含 2010-01-01 05：00：00 这个索引，这个索引会被独立开，但是不能丢弃该索引，因此，该索引就只能与其之前的索引构成一个新的区间（尽管之前的索引并不存在）。

还可以设置聚合之后所使用的标签，默认情况下，聚合之后的标签是使用相应区间左侧的索引来表示的，也可以改成使用右侧的索引来表示，只需要修改 label 参数的值即可，label 参数的取值为 left 和 right。其中，left 使用区间左侧的值来显示，right 使用区间右侧的值来显示，如以下代码所示。

```
s.resample("2min", closed = "left", label = "right").sum()
```

运行结果如下。

```
2010-01-01 05:02:00    1
2010-01-01 05:04:00    5
2010-01-01 05:06:00    9
2010-01-01 05:08:00   13
2010-01-01 05:10:00   17
Freq: 2T, dtype: int32
```

可以看出，聚合后的标签，使用区间右侧的值来进行显示了。

2. 升采样

对数据进行升采样操作，如以下代码所示。

```
s = pd.Series(np.arange(5), index = pd.date_range(start = "2010-01-01", freq = "H", periods = 5))
print(s)
```

运行结果如下。

```
2010-01-01 00:00:00    0
2010-01-01 01:00:00    1
2010-01-01 02:00:00    2
2010-01-01 03:00:00    3
2010-01-01 04:00:00    4
Freq: H, dtype: int32
```

然后执行升采样操作，将频率由之前的 1 h 变成 30 min，asfreq( )就是进行频率的转换，其返回转换之后的数据，如以下代码所示。

```
s.resample("30min").asfreq()
```

运行结果如下。

```
2010-01-01 00:00:00    0.0
2010-01-01 00:30:00    NaN
```

```
2010-01-01 01:00:00    1.0
2010-01-01 01:30:00    NaN
2010-01-01 02:00:00    2.0
2010-01-01 02:30:00    NaN
2010-01-01 03:00:00    3.0
2010-01-01 03:30:00    NaN
2010-01-01 04:00:00    4.0
Freq: 30T, dtype: float64
```

升采样不同于降采样，降采样是由多变少，因此，从以前的数据中抽取部分即可，而升采样是由少变多。故升采样后，会导致新加入的数据为空值（NaN）。

在升采样的同时，对空值进行填充处理。

1）pad / ffill：使用 NaN 前面的非 NaN 值进行填充。

2）bfill：使用 NaN 后面的非 NaN 值进行填充。

执行 pad( )函数，如以下代码所示。

```
s.resample("30min").pad()
```

运行结果如下。

```
2010-01-01 00:00:00    0
2010-01-01 00:30:00    0
2010-01-01 01:00:00    1
2010-01-01 01:30:00    1
2010-01-01 02:00:00    2
2010-01-01 02:30:00    2
2010-01-01 03:00:00    3
2010-01-01 03:30:00    3
2010-01-01 04:00:00    4
Freq: 30T, dtype: int32
```

使用后向填充的方式，如以下代码所示。

```
s.resample("30min").bfill()
```

运行结果如下。

```
2010-01-01 00:00:00    0
2010-01-01 00:30:00    1
2010-01-01 01:00:00    1
2010-01-01 01:30:00    2
2010-01-01 02:00:00    2
2010-01-01 02:30:00    3
2010-01-01 03:00:00    3
2010-01-01 03:30:00    4
```

```
2010-01-01 04:00:00    4
Freq: 30T, dtype: int32
```

8.4 滑动窗口

滑动窗口可以理解为一个固定长度的窗口，在现有的数据上进行"滑动"，然后，对窗口所覆盖的数据进行聚合操作。

定义如下 Series 对象，然后创建滑动窗口，实现聚合操作，如以下代码所示。

```
index = pd.date_range(start = "2010-01-01", end = "2019-12-31", freq = "M")
np.random.seed(0)
s = pd.Series(np.random.random(size = index.shape[0]), index = index)
print(s.rolling(window = 3).mean())
```

运行结果如下。

```
2010-01-31         NaN
2010-02-28         NaN
2010-03-31    0.622255
2010-04-30    0.620945
2010-05-31    0.523767
                ...
2019-08-31    0.502580
2019-09-30    0.697136
2019-10-31    0.619627
2019-11-30    0.781370
2019-12-31    0.718513
Freq: M, Length: 120, dtype: float64
```

前面的两个元素是 NaN，是由于窗口的长度为 3，该窗口进行滑动最初覆盖 1 个元素或两个元素时，无法计算均值，直到覆盖 3 个元素后才能够计算均值。

使用滑动窗口的好处为，滑动窗口可以覆盖一部分元素，在一部分元素上进行聚合（如求均值），可以让数据变得更加平滑，从而不会出现过多的抖动等现象。

绘制出原始的 Series 对象与滑动之后的均值，如以下代码所示。

```
import matplotlib.pyplot as plt
plt.rcParams["font.family"] = "SimHei"
plt.rcParams["axes.unicode_minus"] = False
plt.rcParams["font.size"] = 15
plt.figure(figsize = (15, 5))
plt.plot(s, label = "原始数据")
```

```
plt.plot(s.rolling(window=3).mean(), label="平滑后的数据")
plt.legend()
```

运行结果如图 8-35 所示。

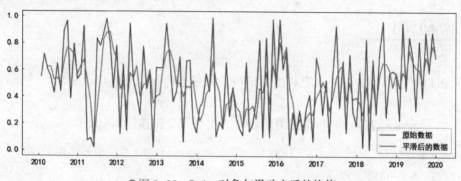

●图 8-35　Series 对象与滑动之后的均值

使用滑动窗口获取均值后，其平稳性得到改善。如果窗口的尺寸设置得更大一些（如 10），效果会更加明显。

扫一扫观看串讲视频

第9章

数据可视化

现如今工作汇报、产品设计、后台设计，甚至是数据大屏，越来越多的设计师需要和数据打交道。尤其是想要做 B 端的设计师，数据可视化更是必不可少的一项技能。数据可视化也越来越能体现一名设计师的专业能力。因此数据可视化能力是面向未来的设计师所必备的。

什么是数据可视化，顾名思义，数据可视化就是借助视觉的表达方式，将枯燥、专业、不直观的数据内容，有趣、浅显、直观地传达给观众的一种手段。

数据可视化是关于数据视觉表现形式的科学技术研究。其中，这种数据的视觉表现形式被定义为一种以某种概要形式抽提出来的信息，包括相应信息单位的各种属性和变量。数据可视化是一个处于不断演变之中的概念，其边界在不断地扩大，主要指的是技术上较为高级的技术方法，而这些技术方法允许利用图形、图像处理、计算机视觉及用户界面，通过表达、建模以及对立体、表面、属性及动画的显示，对数据加以可视化解释。与立体建模之类的特殊技术方法相比，数据可视化所涵盖的技术方法要广泛得多。总之，无论是哪种职业和应用场景，数据可视化都有一个共同的目的，即明确、有效地传递信息。

9.1　Pandas 图形绘制

Pandas 的 DataFrame 和 Series 在 Matplotlib 基础上封装了一个简易的绘图函数，使得数据处理过程中方便可视化查看结果。Pandas 的图形绘制可覆盖常用的图表类型，但是不如 Matplotlib 灵活，仅仅展示分布情况，可基本满足日常使用。

1. Pandas 常见图形绘制

1）使用基本数据表展示，如以下代码所示。

```python
import pandas as pd
import numpy as np
import matplotlib.pyplot as plt
% matplotlib inline
# 忽略警告信息
import warnings
warnings.filterwarnings('ignore')
# 解决中文显示
plt.rcParams['font.family'] = 'SimHei'
plt.rcParams['axes.unicode_minus'] = False
data = np.random.randn(5,2) * 10
df = pd.DataFrame(np.abs(data),
            index = ['一', '二', '三', '四', '五'],
            columns = ['A', 'B'])
display(df)
```

运行结果如图 9-1 所示。

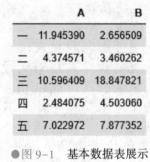

	A	B
一	11.945390	2.656509
二	4.374571	3.460262
三	10.596409	18.847821
四	2.484075	4.503060
五	7.022972	7.877352

●图 9-1　基本数据表展示

2）折线图用于显示随时间或有序类别而变化的趋势，如以下代码所示。

```python
#折线图
df.plot()
plt.show()
```

运行结果如图9-2所示。

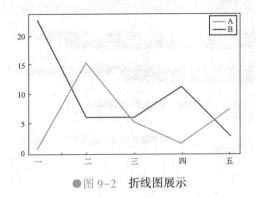

●图9-2 折线图展示

3）条形图主要用于表示离散型数据，当数值型数据被划分为不同类别时，选择使用条形图可以快速地从数据中看到趋势，如以下代码所示。

```
#垂直条形图
df.plot(kind='bar')
plt.show()
```

运行结果如图9-3所示。

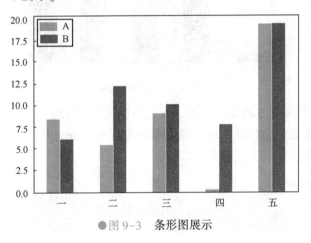

●图9-3 条形图展示

绘制水平条形图，如以下代码所示。

```
#水平条形图
df.plot(kind='barh')
plt.show()
```

运行结果如图9-4所示。

绘制堆积图，如以下代码所示。

```
#堆积图
df.plot(kind='bar',stacked = True)
plt.show()
```

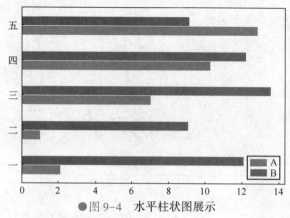

● 图 9-4　水平柱状图展示

运行结果如图 9-5 所示。

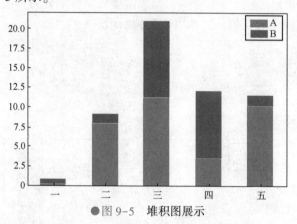

● 图 9-5　堆积图展示

4）直方图可以用来显示质量波动的状态，可以比较直观地传递有关过程质量状况的信息。当了解了质量数据波动状况之后，就能掌握过程的状况，从而确定在什么地方集中力量进行质量改进工作，如以下代码所示。

```
#直方图
df.plot(kind='hist')
plt.show()
```

运行结果如图 9-6 所示。

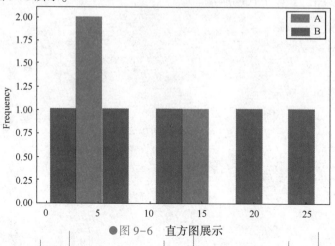

● 图 9-6　直方图展示

5）散点图的数据通常是一些点的集合，常用来绘制各种相关性，适合研究不同变量间的关系，如以下代码所示。

```
#散点图
#x：x 坐标位置
#y：y 坐标位置
#s：散点的大小
#c：散点颜色
df.plot(kind='scatter', x='A', y='B',s=df.A*100, c='b')
plt.show()
```

运行结果如图 9-7 所示。

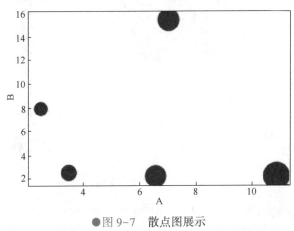

●图 9-7　散点图展示

6）饼图适用于在一个空间或者图上展示比例，如以下代码所示。

```
#饼图
df=pd.Series(3*np.random.rand(4),index=['a','b','c','d'],name='series')
df.plot.pie(figsize=(6,6))
```

运行结果如图 9-8 所示。

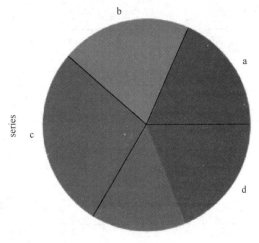

●图 9-8　饼状图展示

2. 特殊图形绘制

蜂巢图可以看出数据出现的次数，如以下代码所示。

```
#蜂巢图
df =pd.DataFrame(np.random.randn(1000,2),columns = ['A','B'])
df.plot.hexbin(x ='A',y ='B',sharex =False,gridsize =30)
```

运行结果如图9-9所示。

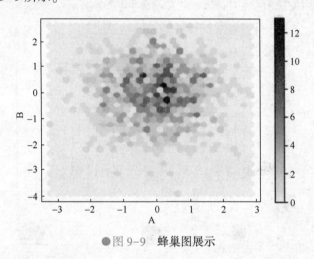

●图9-9 蜂巢图展示

箱线图是一种基于最小值、上四分位、中位数、下四分位和最大值5个数值特征展示数据分布的标准方式，可以看出数据是否具有对称性，适用于展示一组数据的分布情况，如以下代码所示。

```
#箱线图
#vert 参数控制方向,False 为横向,=True 为纵向(默认)
df.plot(y =df.columns, kind ='box',vert =False)
plt.show()
```

运行结果如图9-10所示。

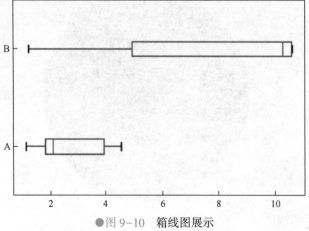

●图9-10 箱线图展示

绘制子图，如以下代码所示。

```
# subplots:默认 False, 若每列绘制子图, 则赋值为 True
# layout:子图布局, 即画布被横竖分为几块, 如(2,3)表示 2 行 3 列
# figsize:画布大小
df.plot(subplots=True, layout = (2,3), figsize = (10,10), kind='bar')
plt.show()
```

运行结果如图 9-11 所示。

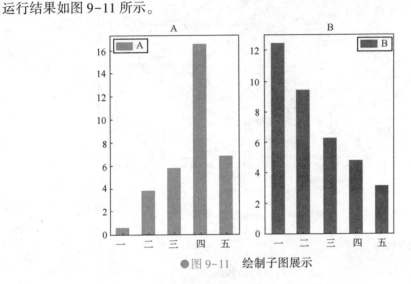

●图 9-11　绘制子图展示

9.2　Matplotlib 图形绘制

　　Python 中最基本的作图库是 Matplotlib，它是一个最基础的 Python 可视化库，一般都是从 Matplotlib 上手 Python 数据可视化，然后开始做纵向与横向拓展。

　　Pandas 在内部绘图时使用的是 Matplotlib 的 API，Matplotlib 是一个 Python 2D 绘图库，它可以在各种平台上以各种硬拷贝格式和交互式环境生成具有出版品质的图形。Matplotlib 可用于 Python 脚本、Python 和 IPython shell、Jupyter 笔记本、Web 应用程序服务器和 4 个图形用户界面工具包。Matplotlib 试图让简单的事情变得更简单，让无法实现的事情变得可能实现。只需几行代码即可生成绘图，如直方图、功率谱、条形图、错误图和散点图等。为了简单绘图，pyplot 模块提供了类似于 MATLAB 的界面，特别是与 IPython 结合使用时。

9.2.1　Figure 绘图参数详解

　　Figure 通常称之为画布，包含一些可见和不可见的参数。在画布上，有坐标轴、刻度、标签、线及标记等参数。Matplotlib 中 pyplot 模块的 API 可以轻松操作这些参数，图像结构如图 9-12 所示。

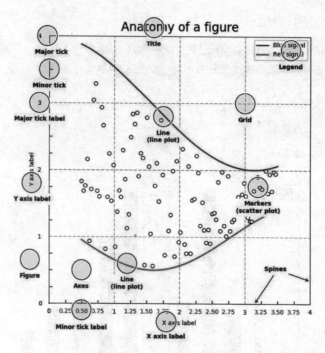

●图 9-12　Matplotlib 图像结构

常用参数见表 9-1。

表 9-1　Matplotlib 常用参数

参　　数	函　　数
设置标题	plt. title( )
设置坐标轴标签	plt. xlabel( ), plt. ylabel( )
设置坐标轴范围	plt. xlim( ), plt. ylim( )
设置图例	plt. legend( )
设置图像大小	plt. figure( )

9.2.2　Matplotlib 常用图形绘制

准备鸢尾花数据集，如以下代码所示。

```
import pandas as pd
import matplotlib.pyplot as plt
from sklearn.datasets import load_iris
import warnings
# 忽略警告信息
warnings.filterwarnings('ignore')
# 解决中文显示
plt.rcParams['font.family'] = 'SimHei'
```

```
plt.rcParams['axes.unicode_minus'] = False
iris = load_iris()
data = pd.DataFrame(iris.data,columns = ['萼片长度','萼片宽度','花瓣长度','花瓣宽度']).
head(10)
print(data.shape)
data.head()
```

运行结果如图 9-13 所示。

```
(150, 4)
```

	萼片长度	萼片宽度	花瓣长度	花瓣宽度
0	5.1	3.5	1.4	0.2
1	4.9	3.0	1.4	0.2
2	4.7	3.2	1.3	0.2
3	4.6	3.1	1.5	0.2
4	5.0	3.6	1.4	0.2

●图 9-13 查询鸢尾花花瓣数据

1）plot( ) 函数功能为展示数据的变化趋势。调用格式：plt. plot(x, y, ls = ' - ', label = '折线图')，相关参数见表 9-2。

表 9-2 plot( ) 函数相关参数

参　　　数	含　　　义
x	x 轴上的数值
y	y 轴上的数值
ls	线条风格
lw	线条宽度
r	颜色
label	标签文本

使用 plot( ) 函数绘制鸢尾花折线图，如以下代码所示。

```
x=data.index
y=data['萼片长度']
# 设置画布大小
plt.figure(figsize=(6,4),dpi=80)
# 设置标题
plt.title('鸢尾花数据')
# 设置坐标轴范围
plt.xlim(0,10)
plt.ylim(4,6)
# 设置坐标轴标签
```

```
plt.xlabel('鸢尾花序号')
plt.ylabel('萼片长度')
plt.plot(x,y, ls='-.',lw=2,c='r',label='折线图')
# 设置图例
plt.legend()
```

运行结果如图9-14所示。

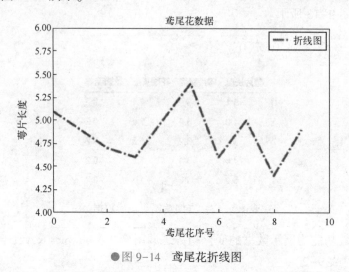

●图9-14　鸢尾花折线图

2）bar( )函数在x轴上绘制定性数据的分布特征，调用格式：plt. bar(x, y, color='g', label ='柱状图')。

3）barh( )函数在y轴上绘制定性数据的分布特征，调用格式：plt. barh(x, y, color='r', label ='条形图')。

4）scatter( )函数寻找变量之间的关系，调用格式：plt. scatter (x, y, c = ' g', label = '散点图')。

bar( )、barh( )和scatter( )函数相关参数见表9-3。

表9-3　bar( )、barh( )和scatter( )函数相关参数

参　　　数	含　　　义
x	x轴上的数值
y	y轴上的数值
color	颜色
label	标签文本

使用bar( )函数绘制鸢尾花柱状图，如以下代码所示。

```
data = data.head(10)
x = data.index
y = data['萼片长度']
# 设置画布大小
plt.figure(figsize=(6,4),dpi=80)
```

```
# 设置坐标轴范围
plt.xlim(0,10)
plt.ylim(0,8)
# 设置标题
plt.title('鸢尾花数据')
# 设置坐标轴标签
plt.xlabel('鸢尾花序号')
plt.ylabel('萼片长度')
plt.bar(x,y,color='g',label='柱状图')
# 设置图例
plt.legend()
```

运行结果如图 9-15 所示。

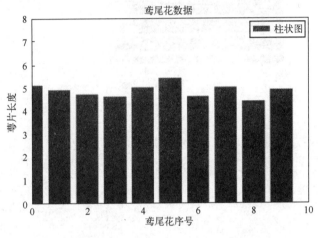

●图 9-15 鸢尾花柱状图

使用 bar( ) 函数绘制鸢尾花柱状图,如以下代码所示。

```
data = data.head(10)
x = data.index
y = data['萼片长度']
# 设置画布大小
plt.figure(figsize=(6,4),dpi=80)
# 设置坐标轴范围
plt.xlim(0,8)
plt.ylim(0,10)
# 设置标题
plt.title('鸢尾花数据')
# 设置坐标轴标签
plt.xlabel('鸢尾花序号')
```

```
plt.ylabel('萼片长度')
plt.barh(x,y,color='r',label='条形图')
# 设置图例
plt.legend()
```

运行结果如图 9-16 所示。

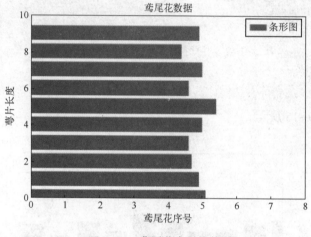

●图 9-16　鸢尾花水平柱状图

使用 scatter( )函数绘制鸢尾花散点图，如以下代码所示。

```
x = data.index
y = data['萼片长度']
# 设置画布大小
plt.figure(figsize=(6,4),dpi=80)
# 设置标题
plt.title('鸢尾花数据')
# 设置坐标轴标签
plt.xlabel('鸢尾花序号')
plt.ylabel('萼片长度')
plt.scatter(x,y,c='b',label='散点图')
# 设置图例
plt.legend()
```

运行结果如图 9-17 所示。

scatter( )函数用二维数据接收气泡大小展示三维数据，调用格式：plt. scatter(x,y,s,c, marker='o')，相关参数见表 9-4。

表 9-4　scatter( )气泡图相关参数

参　　数	含　　义
x	x 轴上的数值
y	y 轴上的数值

（续）

参　　数	含　　义
marker	形状
s	标记大小
c	标签颜色

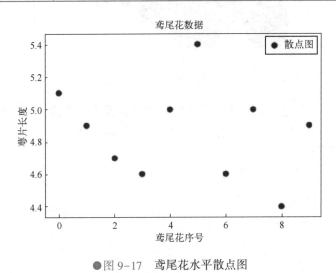

●图 9-17　鸢尾花水平散点图

使用 scatter( ) 函数绘制鸢尾花气泡图，如以下代码所示。

```
import numpy as np
import pandas as pd
import matplotlib as mpl
import matplotlib.pyplot as plt
from sklearn.datasets import load_iris
import warnings
# 忽略警告信息
warnings.filterwarnings('ignore')
# 解决中文显示
plt.rcParams['font.family'] = 'SimHei'
plt.rcParams['axes.unicode_minus'] = False
x = np.random.randn(100)
y = np.random.randn(100)
s = np.power(10 * x+20 * y,2)
c = np.random.rand(100)
plt.scatter(x,y,s,c,marker ='o')
```

运行结果如图 9-18 所示。

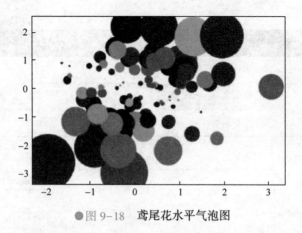

●图 9-18　鸢尾花水平气泡图

5）subplot()函数专门用来绘制网格区域中的几何形状相同的子区布局。有 3 个参数，如 Subplot(2,2,3)表示的是第 2 行的第一个子区。plt. subplot()方法用于在当前 figure 队形中添加子图，如以下代码所示。

```python
import numpy as np
import matplotlib.pyplot as plt
x1 = np.random.randn(30)
x2 = np.arange(30)
# 第一个子区
plt.subplot(121)
plt.plot(x1)
# 第二个子区
plt.subplot(122)
plt.scatter(x2,2 * x1+x2)
plt.show()
```

运行结果如图 9-19 所示。

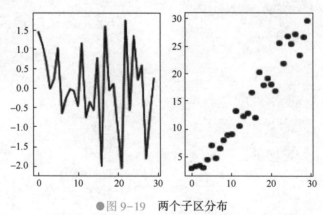

●图 9-19　两个子区分布

调整 subplot 间距，默认情况下 Matplotlib 会在 subplot 外围留下一定的边距，并在 subplot 之间留下一定的间距。间距跟图像的高度和宽度有关，因此，如果调整了图像大小，间距也会自动调整。利用 Figure 对象 subplots_adjust()方法修改间距，如以下代码所示。

```
import numpy as np
import matplotlib.pyplot as plt
x1 =np.random.randn(30)
x2 =np.arange(30)
# 第一个子区
plt.subplot(121)
plt.plot(x1)
# 第二个子区
plt.subplot(122)
plt.scatter(x2,2 * x1+x2)
# 设置间距
plt.subplots_adjust(wspace = 0.6,hspace = 0.6)
plt.show()
```

运行结果如图 9-20 所示。

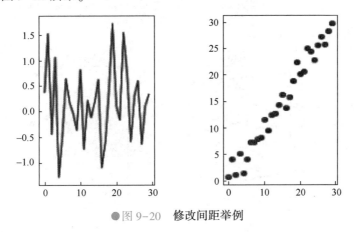

●图 9-20　修改间距举例

设置子图参数，子图中可以设置标题、轴标签和刻度等。

```
import numpy as np
import matplotlib as mpl
import matplotlib.pyplot as plt
# 解决中文乱码
mpl.rcParams['font.sans-serif'] = [u'SimHei']
plt.rcParams['axes.unicode_minus'] = False
x1 =np.random.randn(20)
x2 =np.arange(20)
fig,ax=plt.subplots(1,2)
# 第一个子区
ax1 =ax[0]
ax1.plot(x1,x2)
# 设置标题
ax1.set_title('折线图')
```

```
# 设置轴标签
ax1.set_xlabel('x 轴')
ax1.set_ylabel('y 轴')
ax1.set_xticks
# 第二个子区
ax2 = ax[1]
plt.scatter(x2,2 * x1+x2)
# 设置标题
ax2.set_title('散点图')
# 设置轴标签
ax2.set_xlabel('x 轴')
ax2.set_ylabel('y 轴')
# 设置间距
plt.subplots_adjust(wspace = 0.6,hspace = 0.6)
plt.show()
```

运行结果如图9-21所示。

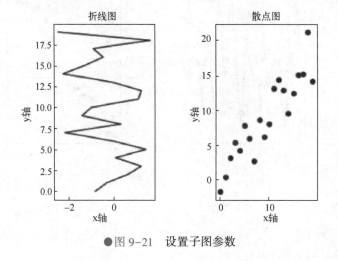

●图 9-21   设置子图参数

9.3   Seaborn 图形绘制

Seaborn 是基于 Matplotlib 的图形可视化 Python 包。它提供了一种高度交互式界面,便于用户做出各种有吸引力的统计图表。Seaborn 主要针对数据挖掘和机器学习中的变量特征进行选取,Seaborn 可以用短小的代码去绘制、描述更多维度数据的可视化效果图。

Seaborn 在 Matplotlib 的基础上进行了更高级的 API 封装,从而使作图更加容易。大多数情况下使用 Seaborn 能做出非常具有吸引力的图,而使用 Matplotlib 能制作具有更多特色的图。应该把 Seaborn 视为 Matplotlib 的补充,而不是替代物。同时能高度兼容 NumPy 与 Pandas 数据结构以及 SciPy 与 statsmodels 等统计模式。

Seaborn 提供了更多高级接口，让 coder 专注于可视化分析，无需将过多时间用于数据处理和图表装饰。

Seaborn 的功能如下。

- 提供计算多变量间关系的面向数据集接口。
- 便于进行可视化类别变量的观测与统计。
- 便于进行可视化单变量或多变量分布及与其子数据集比较。
- 便于控制线性回归的不同因变量并进行参数估计与作图。
- 便于对复杂数据进行易行的整体结构可视化。
- 便于对多表统计图的制作高度抽象并简化可视化过程。
- 提供多个内建主题渲染 Matplotlib 的图像样式。
- 提供调色板工具生动再现数据。

9.3.1 设置 Seaborn 绘图风格

Seaborn 装载了一些默认的主题风格，可以通过 sns. set( )方法实现。5 种风格的图表背景为：darkgrid、whitegrid、dark、white 和 ticks，可以通过参数 style 进行设置，默认情况下为 darkgrid 风格，如以下代码所示。

在加载数据的时候，可能会因为网络原因无法下载，此时可以进入到 https://github. com/mwaskom/seaborn-data 中下载数据文件，并将下载好的 seaborn-data 文件夹中的所有文件放入到本机中空的 seaborn-data 文件夹中（可以直接进行全盘搜索），再次运行代码即可。

```
import seaborn as sns
import numpy as np
import pandas as pd
import matplotlib as mpl
import matplotlib.pyplot as plt
% matplotlib inline
#加载内置数据集'tips'小费数据集
tips = sns.load_dataset('tips')
tips.head()
#total_bill:总消费;tip:小费;sex:性别;smoker:是否吸烟;day:周几;time:用餐类型
```

运行结果如图 9-22 所示。

	total_bill	tip	sex	smoker	day	time	size
0	16.99	1.01	Female	No	Sun	Dinner	2
1	10.34	1.66	Male	No	Sun	Dinner	3
2	21.01	3.50	Male	No	Sun	Dinner	3
3	23.68	3.31	Male	No	Sun	Dinner	2
4	24.59	3.61	Female	No	Sun	Dinner	4

●图 9-22　加载内置数据集'tips'小费数据集

219

设置为默认风格，如以下代码所示。

```
#选择默认风格
sns.set()
sns.relplot(x='total_bill',y='tip',col='time',style='smoker',hue='smoker',size='size',data=tips)
```

运行结果如图9-23所示。

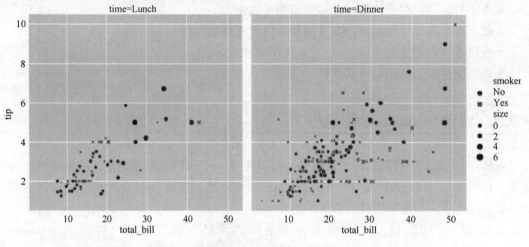

●图 9-23　选择为默认风格

通过参数名传参设置风格，如以下代码所示。

```
#设置风格为 ticks
#可以直接通过参数名传参
sns.set(style='ticks')
sns.relplot(x='total_bill',y='tip',col='time',style='smoker',hue='smoker',size='size',data=tips)
```

运行结果如图9-24所示。

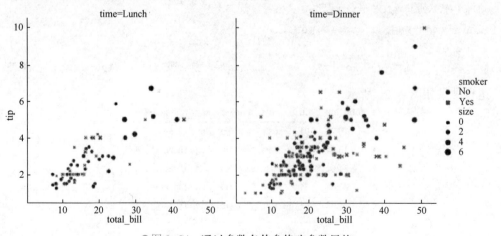

●图 9-24　通过参数名传参修改参数风格

通过 set_style( )传参设置风格，如以下代码所示。

```
#也可以通过 set_style ()传参
sns.set_style('whitegrid')
sns.relplot(x='total_bill',y='tip',col='time',style='smoker',hue='smoker',size='size',data=tips)
```

运行结果如图 9-25 所示。

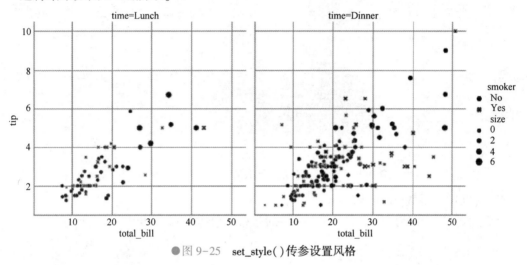

●图 9-25 set_style( )传参设置风格

其他的风格可以通过以上方式自由选择。

9.3.2 Seaborn 常用图形绘制

1）直方图：函数 distplot( )。

对于连续型特征可以使用直方图来观察特征取值的分布情况。在 Seaborn 中，直方图可以使用 distplot( )函数进行绘制，如以下代码所示。

```
#直方图
sns.distplot(tips['tip'])
```

运行结果如图 9-26 所示。

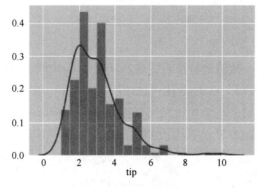

●图 9-26 直方图展示

函数 distplot( )默认同时绘制直方图和 KDE（核密度图），如果不需要核密度图，可以将 KDE 参数设置成 False，如以下代码所示。

```
sns.distplot(tips['tip'],kde=False)
```

运行结果如图 9-27 所示。

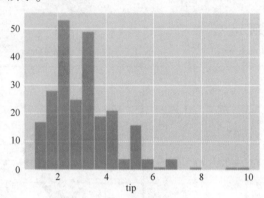

●图 9-27　显示直方图且取消 KDE（核密度图）

2）柱状图：函数 countplot( )。

离散型特征可以使用柱状图显示其每一种取值的样本数量，如以下代码所示。

```
#柱状图
sns.countplot(x='day',data=tips)
```

运行结果如图 9-28 所示。

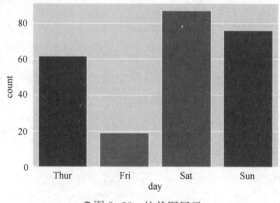

●图 9-28　柱状图展示

3）散点图：函数 scatter( )。

散点图能够同时将两个数值型特征可视化，从散点图中可以直观地观察两个特征之间的关系，如是否存在线性关系等。Seaborn 中可以使用 jointplot( )函数绘制散点图。jointplot( )函数通常有 3 个参数需要设置，x 和 y 分别代表需要横轴和纵轴显示的特征名称，data 为数据，可以为 DataFrame 类型 0020，如以下代码所示。

```
#散点图
sns.jointplot(x='tip',y='total_bill',data=tips)
```

运行结果如图 9–29 所示。

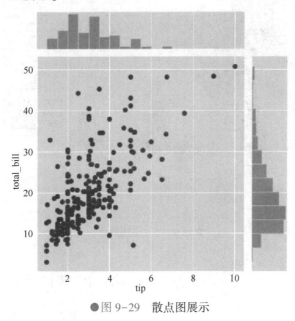

●图 9–29 散点图展示

4）分类散点图：函数 striplot( )。

当一维数据是分类数据时，散点图就成了条带形状，这里就用到 stripplot( ) 函数，如以下代码所示。

```
#分类散点图
sns.stripplot(x='day',y='total_bill',data=tips)
```

运行结果如图 9–30 所示。

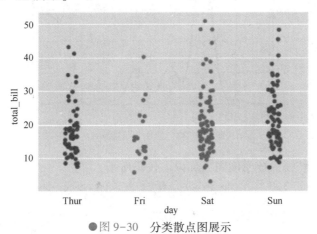

●图 9–30 分类散点图展示

5）箱图：函数 boxenplo( )。

箱图可以直观地将连续型特征的中位数、上下四分位数显示出来。通常也作为一种单特征离群值检测的定性方法。在 Seaborn 中，可以使用 boxenplot( ) 函数绘制箱图。

```
#箱图
sns.boxenplot(x='day',y='total_bill',hue='time',data=tips)
```

运行结果如图 9-31 所示。

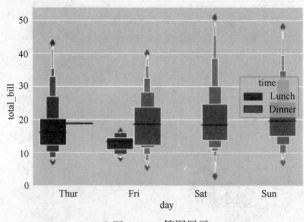

●图 9-31　箱图展示

6）核密度图：函数 kdeplot( )。

核密度图是一种研究特征分布的工具。在 Seaborn 中，可以通过 kdeplot( ) 函数绘制核密度图，如以下代码所示。

```
#核密度图
sns.kdeplot(tips['size'])
```

运行结果如图 9-32 所示。

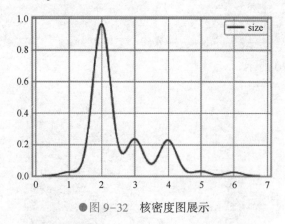

●图 9-32　核密度图展示

还可以绘制两个特征的核密度图，如以下代码所示。

```
#双特征核密度图
sns.kdeplot(tips['tip'],tips['total_bill'])
```

运行结果如图 9-33 所示。

7）小提琴图：函数 violinplot( )。

小提琴图结合了箱图和核密度图。它将箱图和核密度图展示在同一个图上，因长相通常类似小提琴而得名。在 Seaborn 中，可以使用 violinplot( ) 函数绘制小提琴图，如以下代码所示。

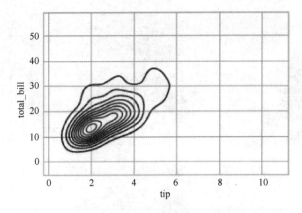

●图 9-33 双特征的核密度图

```
#小提琴图
sns.violinplot(x='day',y='total_bill',hue='time',data=tips)
```

运行结果如图 9-34 所示。

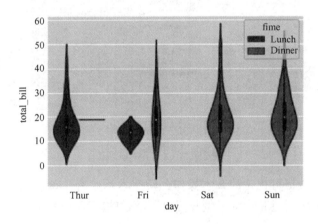

●图 9-34 小提琴图展示

8）点对图：函数 pairplot( )。

点对图可以同时将多个特征之间的散点图等通过一条命令进行绘制。点对图的绘制函数为 pairplot( )，如以下代码所示。

```
#点对图
#分析多个变量间,每两个变量间的关系
#不同变量间用散点图表示
#同一变量用直方图表示
sns.pairplot(tips)
```

运行结果如图 9-35 所示。

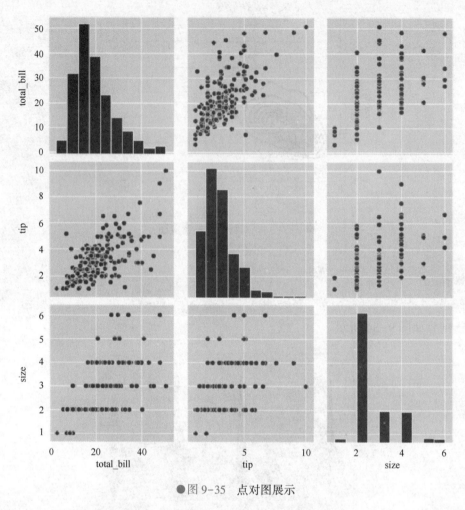

●图 9-35　点对图展示

　　本章详细介绍了数据可视化的基本操作，学完本章读者应该可以独立制作出漂亮美观的图形了，在下一章将通过相应的案例复习巩固学过的内容，达到进一步深化理解的目的。

扫一扫观看串讲视频

第 *10* 章
电商销售数据分析

随着电商的不断发展，网上购物变得越来越流行。更多电商平台崛起，对于电商卖家来说增加的不只是人们越来越高的需求，还要面对更多强大的竞争对手。面对这些挑战，就需要能够及时发现店铺经营中的问题，并且能够有效解决这些实际的问题，从而提升自身的竞争力。

根据已有数据对店铺整体运营情况进行分析，了解运营状况，对未来进行预测，已经成为电商运营必不可少的技能。

本章将对一家全球超市 4 年（2011~2014 年）的零售数据进行数据分析。

分析的目标：①分析每年销售额增长率。②各个地区分店的销售额。③销售淡旺季。④新老客户数。⑤利用 RFM 模型标记用户价值。

10.1 数据准备

数据来源于数据科学竞赛平台 Kaggle，网址为 https://www.kaggle.com/jr2ngb/superstore-data，总共 51290 条数据，24 个字段。请根据这些数据实现上述分析目标，见表 10-1。

表 10-1 超市数据属性表

属 性 名 称	属 性 说 明
Row ID	行编号
Order ID	订单 ID
Order Date	订单日期
Ship Date	发货日期
Ship Mode	发货模式
Customer ID	客户 ID
Customer Name	客户姓名
Segment	客户类别
City	客户所在城市
State	客户城市所在州
Country	客户所在国家
Postal Code	邮编
Market	商店所属区域
Region	商店所属洲
Product ID	产品 ID
Category	产品类别
Sub-Category	产品子类别
Product Name	产品名称
Sales	销售额
Quantity	销售量
Discount	折扣
Profit	利润
Shipping Cost	发货成本
Order Priority	订单优先级

下载好数据后使用 Pandas 导入数据，查看数据集的信息，快速理解数据。使用 read_csv()读取数据的时候，需要根据 CSV 文件存储时的编码格式，进行读取。CSV 常见的编码格式有 UTF-8、GBK 和 ISO-8859-1。

初步判断数据是否有缺失值，如以下代码所示。

```
import pandas as pd
data = pd.read_csv(r'./superstore_dataset2011-2015.csv',encoding='ISO-8859-1')
print('初步判断数据是否有缺失值:',data.info())
```

运行结果如图 10-1 所示。

```
Row ID              51290 non-null int64
Order ID            51290 non-null object
Order Date          51290 non-null object
Ship Date           51290 non-null object
Ship Mode           51290 non-null object
Customer ID         51290 non-null object
Customer Name       51290 non-null object
Segment             51290 non-null object
City                51290 non-null object
State               51290 non-null object
Country             51290 non-null object
Postal Code          9994 non-null float64
Market              51290 non-null object
Region              51290 non-null object
Product ID          51290 non-null object
Category            51290 non-null object
Sub-Category        51290 non-null object
Product Name        51290 non-null object
Sales               51290 non-null float64
Quantity            51290 non-null int64
Discount            51290 non-null float64
Profit              51290 non-null float64
Shipping Cost       51290 non-null float64
Order Priority      51290 non-null object
dtypes: float64(5), int64(2), object(17)
```

●图 10-1　判断数据是否有缺失值

　　根据以上结果，对数据进行基本了解，24 个字段中有 7 个字段是数字类型，这 7 个字段在计算时是不需要转换类型的，其他字段的数据都是 object 类型。在获取数据时要注意数据的类型，特别是日期字段的数据，整理数据时可以将其转换成时间格式，以方便获取数据。

　　同时发现数据缺失方面只有 Postal Code（邮编）字段有缺失值，而该字段对分析并不会产生影响，可以不用处理。

10.2　数据清洗

　　数据清洗是数据分析的基础，也是最为重要的一步，因为数据清洗在提高了数据质量的同时也可以避免脏数据影响分析结果。

　　所谓数据清洗，实际上就是对缺失值、异常值的删除处理或填充处理，以及为了方便数据的获取和分析，对列名的重命名、列数据的类型转换或者是排序等操作。但是并不是所有的数据都需要将上述的所有操作都执行一遍，具体操作的选择可根据实际的数据和需求进行选定。

10.2.1　查看是否含有缺失值

　　通过 info 函数了解到在数据集中的只有 Postal Code 字段含有缺失值。结果返回的是所有字段不为空的数据个数，只了解每个字段中的数据是否含有缺失值，如以下代码所示。

```
import pandas as pd
data = pd.read_csv(r'./superstore_dataset2011-2015.csv',encoding='ISO-8859-1')
print('每个字段中是否含有空值: \n', data.isna().any())
```

运行结果如图 10-2 所示。

```
Out[17]: Row ID               False
         Order ID             False
         Order Date           False
         Ship Date            False
         Ship Mode            False
         Customer ID          False
         Customer Name        False
         Segment              False
         City                 False
         State                False
         Country              False
         Postal Code          True
         Market               False
         Region               False
         Product ID           False
         Category             False
         Sub-Category         False
         Product Name         False
         Sales                False
         Quantity             False
         Discount             False
         Profit               False
         Shipping Cost        False
         Order Priority       False
         dtype: bool
```

●图 10-2　每个字段是否有空值

使用 isna( ). any( )方法会返回一个仅含 True 和 False 这两种值的 Series，这个方法主要是用来判断所有列中是否含有空值。通过两次方法验证空值，得出的结论一致，只有 Postal Code 字段含有缺失值。而该字段并不在分析范围内，可以不处理该字段的缺失值，同时也保留了该字段所在数据其他字段的数据，这样可以确保分析的准确度。

10.2.2　查看是否含有异常值

在查看数据的缺失值之后还需要检查一下数据中是否含有异常值，Pandas 的 describe( )可以用来统计数据集的集中趋势，分析各行列的分布情况，因此在查看异常值时会经常用到，如以下代码所示。

```
data.describe()
```

运行结果如图 10-3 所示。

```
Out[16]:
```

	Row ID	Postal Code	Sales	Quantity	Discount	Profit	Shipping Cost
count	51290.00000	9994.000000	51290.000000	51290.000000	51290.000000	51290.000000	51290.000000
mean	25645.50000	55190.379428	246.490581	3.476545	0.142908	28.610982	26.375915
std	14806.29199	32063.693350	487.565361	2.278766	0.212280	174.340972	57.296804
min	1.00000	1040.000000	0.444000	1.000000	0.000000	-6599.978000	0.000000
25%	12823.25000	23223.000000	30.758625	2.000000	0.000000	0.000000	2.610000
50%	25645.50000	56430.500000	85.053000	3.000000	0.000000	9.240000	7.790000
75%	38467.75000	90008.000000	251.053200	5.000000	0.200000	36.810000	24.450000
max	51290.00000	99301.000000	22638.480000	14.000000	0.850000	8399.976000	933.570000

●图 10-3　查看是否有异常值

describe()函数会对数值型数据进行统计，输出结果指标包括 count、mean、std、min、max 及下四分位数，中位数和上四分位数。通过观察该结果发现数据集并无异常值存在。

10.2.3　数据整理

由于很多分析的维度都是建立在时间基础上的，通过数据类型的结果发现数据中的时间是字符串类型的，所以需要处理时间的类型，将其修改成 datetime 类型，如以下代码所示。

```
data['Order Date'] = pd.to_datetime(data['Order Date'])
print(data.dtypes)
```

运行结果如图 10-4 所示。

```
Out[20]: Row ID                 int64
         Order ID              object
         Order Date    datetime64[ns]
         Ship Date             object
         Ship Mode             object
         Customer ID           object
         Customer Name         object
         Segment               object
         City                  object
         State                 object
         Country               object
         Postal Code          float64
         Market                object
         Region                object
         Product ID            object
         Category              object
         Sub-Category          object
         Product Name          object
         Sales                float64
         Quantity               int64
         Discount             float64
         Profit               float64
         Shipping Cost        float64
         Order Priority        object
         dtype: object
```

●图 10-4　查看是否有异常值

上面代码将 Order Date（订单日期）列的数据类型成功修改成了 datetime 类型，因为通过 datetime 可以快速增加数据的维度，如年、月和季度等，如以下代码所示。

```
#同过 dt 属性返回的对象中可以获取 datetime 中的年与日等数据
data['Order-year'] = data ['Order Date'].dt.year
data ['Order-month'] = data ['Order Date'].dt.month
data ['quarter'] = data ['Order Date'].dt.to_period('Q')
result = data [['Order Date','Order-year','Order-month', 'quarter']].head()
print(result)
```

运行结果如图 10-5 所示。

Out[26]:

	Order Date	Order-year	Order-month	quarter
0	2011-01-01	2011	1	2011Q1
1	2011-01-01	2011	1	2011Q1
2	2011-01-01	2011	1	2011Q1
3	2011-01-01	2011	1	2011Q1
4	2011-01-01	2011	1	2011Q1

●图 10-5　增加数据维度

这样整理数据的优点已经一目了然，再根据不同的时间维度去获取数据时，会更加便捷。也可以根据不同的需求进行排序等操作，例如，需要获取 2011 年销售额前 10 的客户 ID 数据，如以下代码所示。

```
# 获取 2011 年的数据
Order2011 = data [data ['Order-year']==2011]
# 将 2011 年的数据按销售的大小降序排列
Order2011_sort = Order2011.sort_values('Sales',ascending=False)
# 获取前 10 条数据中的客户 ID 数据
result = Order2011_sort.head(10)['Customer ID']
print(result)
```

运行结果如图 10-6 所示。

```
Out[32]:  28612    SM-20320
          37929    SC-20095
          41049    KL-16645
          2255     BM-11140
          23374    TB-21400
          2756     CA-11965
          2273     ER-13855
          3188     Dp-13240
          2857     BP-11155
          2858     NW-8400
          Name: Customer ID, dtype: object
```

●图 10-6　前 10 条数据中的客户 ID 数据

10.3　具体目标分析

1. 分析每年销售额的增长率

销售增长率是企业本年销售收入增长额同上年销售收入总额之比。本年销售增长额为本年销售收入减去上年销售收入的差额，它是衡量企业经营状况和市场占有能力、预测企业经营业务拓展趋势的重要指标，也是企业扩张增量资本和存量资本的重要前提，该指标越大，表明其增长速度越快，企业市场前景越好。同样，也可以根据销售额的平均增长率，对下一年的销售额进行预测。

计算公式如下。

销售额增长率 = (本年销售额-上年销售额) /上年销售额 ＊ 100%

示例：今年的销售额为 110 万元，上一年的销售额为 100 万元，则销售额增长率=（110-100）/100 ＝ 10%

现在根据当前的数据对该超市进行 2011～2014 年的销售增长率的趋势分析，并给出下一年的销售建议。

将数据按照年份进行分组，并计算出每年的销售总额，如以下代码所示。

```
sales_year = data.groupby(by='Order-year')['Sales'].sum()
print(sales_year)
```

运行结果如图 10-7 所示。

```
Order-year
2011    2.259451e+06
2012    2.677439e+06
2013    3.405746e+06
2014    4.299866e+06
Name: Sales, dtype: float64
```

●图 10-7　数据按照年份进行分组

根据销售额增长率公式分别算出 2012 年、2013 年和 2014 年的销售额增长率，如以下代码所示。

```
sales_rate_12 = sales_year[2012] /sales_year[2011] - 1
sales_rate_13 = sales_year[2013] /sales_year[2012] - 1
sales_rate_14 = sales_year[2014] /sales_year[2013] - 1
print(sales_rate_12,sales_rate_13,sales_rate_14)
```

运行结果如图 10-8 所示。

```
0.18499530115262286 0.2720165942560355 0.26253258557834647
```

●图 10-8　销售增长率

将计算公式改型为（本年销售额/上年销售额 - 1），计算与原表达式一致。

若想使用百分数的结果形式，可以用下面的方式将小数改成百分数，如以下代码所示。

```
sales_rate_12 = "% .2f%%"% (sales_rate_12 * 100)
sales_rate_13 = "% .2f%%"% (sales_rate_13 * 100)
sales_rate_14 = "% .2f%%"% (sales_rate_14 * 100)
print(sales_rate_12,sales_rate_13,sales_rate_14)
```

运行结果如图 10-9 所示。

用图表呈现每一年的销售额和对应的增长率。用表格展示销售额和对应的增长率，如以下代码所示。

```
sales_rate = pd.DataFrame(
    {'sales_all':sales_year,
```

```
    'sales_rate':['0.00%',sales_rate_12,sales_rate_13,sales_rate_14]
  })
print(sales_rate)
```

运行结果如图 10-10 所示。

Order-year	sales_all	sales_rate
2011	2.259451e+06	0.00%
2012	2.677439e+06	18.50%
2013	3.405746e+06	27.20%
2014	4.299866e+06	26.25%

`18.50% 27.20% 26.25%`

●图 10-9　百分比结果　　　　●图 10-10　销售额及对应增长率

为了能更加直观地展示数据，可以将数据进行图像展示，如以下代码所示。

```
import matplotlib.pyplot as plt
import matplotlib as mpl
# 由于百分比数据不支持绘图,所以重新求占比
sales_rate_12 = sales_year[2012] /sales_year[2011] - 1
sales_rate_13 = sales_year[2013] /sales_year[2012] - 1
sales_rate_14 = sales_year[2014] /sales_year[2013] - 1
print(sales_rate_12,sales_rate_13,sales_rate_14)


# 设置字体
mpl.rcParams['font.sans-serif'] = ['SimHei']
# 设置风格
plt.style.use('ggplot')
sales_rate = pd.DataFrame(
{'sales_all':sales_year,
  'sales_rate':[0,sales_rate_12,sales_rate_13,sales_rate_14]
})
y1 = sales_rate['sales_all']
y2 = sales_rate['sales_rate']
x = [str(value) for value in sales_rate.index.tolist()]
# 新建 figure 对象
fig=plt.figure()
# 新建子图 1
ax1=fig.add_subplot(1,1,1)
# ax2 与 ax1 共享 X 轴
ax2 = ax1.twinx()
ax1.bar(x,y1,color = 'blue')
ax2.plot(x,y2,marker='*',color = 'r')
```

```
ax1.set_xlabel('年份/年')
ax1.set_ylabel('销售额/元')
ax2.set_ylabel('增长率')
ax1.set_title('销售额与增长率')
plt.show()
```

运行结果如图 10-11 所示。

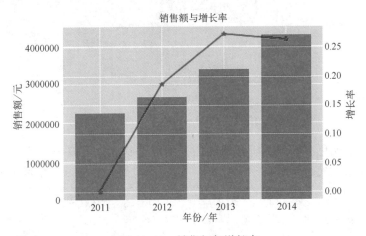

●图 10-11　销售额与增长率

将销售额和增长率绘制在一个图中，使用 twinx( ) 方法共享了 x 轴，并且建立了两个 y 轴，左侧的 y 轴代表的是销售额，右侧的 y 轴代表是对应的销售额增长率。

结合销售额与增长率 2011～2014 年该超市的销售额在稳步上升，说明企业市场占有能力在不断提高，2012～2014 年增长率在增长后趋于平稳，说明企业经营在逐步稳定。同样根据销售和增长率，可以初步制定下一年度的销售额指标是 530 万元左右，当然具体销售额指标的制定还要结合公司的整体战略规划。

2. 各个地区分店的销售额

了解了该超市的整体销售额情况之后，再对不同地区分店的销售额占比情况进行分析，以便对不同地区分配下一年度的销售额指标，和对不同地区分店采取不同的营销策略。

首先按照 Market 字段进行数据分组，整体看一下不同地区分店 2011～2014 年的总销售额占比，如以下代码所示。

```
sales_area = data.groupby(by='Market')['Sales'].sum()
sales_area.plot(kind='pie',autopct = "% 1.1f% % ",title='2011~2014 年的总销售额
占比')
```

运行结果如图 10-12 所示。

从占比图中可以看出 APAC 地区销售额占比最大，为 28.4%，而 Canada 地区的销售额占比最少，只有 0.5%，说明市场几乎没有打开，可以根据公司的总体战略部署进行取舍，从而根据销售额占比分配下一年的销售额指标。

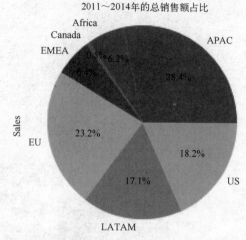

●图 10-12   2011~2014 年总销售额占比

接下来，为了能更清晰地了解各地区店铺的经营状况，可以再对各地区每一年的销售额进行分析，如以下代码所示。

```
sales_area = data.groupby(by = ['Market','Order-year'])['Sales'].sum()
# 将分组后的多层索引设置成列数据
sales_area = sales_area.reset_index(level = [0,1])
# 使用数据透视表重新整理数据
sales_area = pd.pivot_table(sales_area,
                    index = 'Market',
                    columns = 'Order-year',
                    values = 'Sales/元')
# 绘制图形
sales_area.plot(kind = 'bar',title = '2011~2014 年不同地区销售额对比')
```

运行结果如图 10-13 所示。

●图 10-13   2011~2014 年不同地区销售额对比

从图 10-13 可以看出，各个地区 2011~2014 年的销售总额均是增长的趋势，APAC 地区和 EU 地区的增长速度比较快，可以看出市场占有能力也在不断增加，企业市场前景比较好，下一年可以适当加大运营成本，其他地区可以根据自身地区消费特点，参考上面两个地区的运营模式。

根据不同类型产品在不同地区的销售额占比，可以适当地改善经营策略，如以下代码所示。

```
category_sales_area = data.groupby(by=['Market','Category'])['Sales'].sum()
category_sales_area
# 将分组后的多层索引设置成列数据
category_sales_area = category_sales_area.reset_index(level=[0,1])
# 使用数据透视表重新整理数据
category_sales_area = pd.pivot_table(category_sales_area,
                        index='Market',
                        columns='Category',
                        values='Sales/元')
# 绘制图形
category_sales_area.plot(kind = 'bar',
                        title = '不同类型产品在不同地区销售额对比',
                        figsize = (10,8)
                        )
```

运行结果如图 10-14 所示。

所有产品按照三个大的类型进行了区分，分别是 Furniture（家具）、Technology（电子产品）和 Office Supplies（办公用品）。通过上图大致可以看出，在各大地区销售额都比较高的是电子产品，可以根据企业的整体战略部署适当加大对各地区该品类的投入，以便扩大优势。

3. 销售淡旺季分析

根据超市的整体销售额情况和不同类型产品在不同地区的销售情况，再对每年每月的销售额进行分析，根据不同月份的销售情况，找出重点销售月份，从而制定经营策略与业绩月度及季度指标拆分。

为了方便观察数据，需要将数据根据年和月进行分组，并计算出每年每月的销售总额，再将其制作成年、月、销售额的数据透视表，最后通过折线图进行展示，如以下代码所示。

```
year_month = data.groupby(by=['Order-year','Order-month'])['Sales'].sum()
# 将索引订单年转为一列数据
sales_year_month = year_month.reset_index(level=[0,1])
# 利用透视表确定销售额预览表
sales_year_month = pd.pivot_table(sales_year_month,
                        index='Order-month',
                        columns='Order-year',
                        values='Sales/元')
```

```
# 绘制图形
sales_year_month.plot()
```

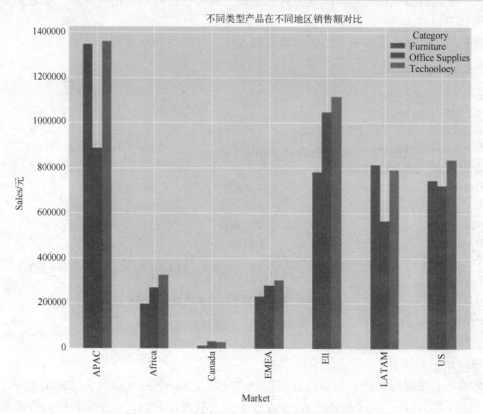

●图 10-14　不同类型产品在不同地区销售额对比

运行结果如图 10-15 所示。

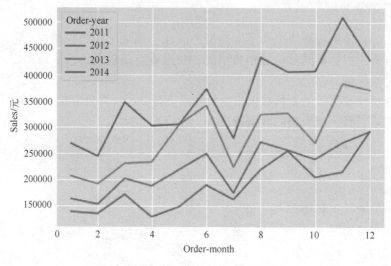

●图 10-15　每年每月销售总额

通过图 10-15 基本可以看出，该超市 2011~2014 年每一年的销售额同比上一年都是上升趋势，而且很容易发现该超市的旺季是下半年，另外在上半年的销售额中发现 6 月份的销售额也是比较高的，所以可以在 6 月份开始加大一些运营成本，进而更大一步提高销售额，但是需要注意是下半年的 7 月份和 10 月份销售额会有明显的下降，可以针对这些下降的月份多举行一些营销活动。

4. 新老客户数

企业的老客户一般都是企业的忠诚客户，有相对较高的黏度，也是为网站带来价值的主要客户群体；而新客户则意味着企业业务的发展，是企业价值不断提升的前提。可以说"老客户是企业生存的基础，新客户是企业发展的动力"，企业的发展战略往往是在基于保留老客户的基础上不断地提升新客户数。

分析新老客户的意义就在于：通过分析老客户，来确定企业的基础是否稳固，是否存在被淘汰的危机；通过分析新客户，来衡量企业的发展是否顺利，是否有更大的扩展空间。

根据该企业的新老客户分布，对超市客户维系健康状态进行了解。在分析之前需要定义一下新客户，将只要在该超市消费过的客户就定义为老客户，反之为新客户。由于 2011 年的数据为起始数据，根据定义大部分客户皆为新客户，其数据没有分析价值，如以下代码所示。

```
data = data.drop_duplicates(subset=['Customer ID'])
new_consumer = data.groupby(by=['Order-year','Order-month']).size()
new_consumer = new_consumer.reset_index(level=[0,1])
sales_year_month = pd.pivot_table(new_consumer,
                        index='Order-month',
                        columns='Order-year',
                        values=0)
print(sales_year_month)
```

代码解析如下。

1）根据 Customer ID 列数据进行重复值的删除，保证数据集中所有的客户 ID 都是唯一的。

2）根据 Order-year 和 Order-month 两个字段进行分组，并使用 size() 函数对每个分组进行计数。

3）为了方便使用透视表对数据进行整理，需要先将索引转化成数据列。

4）使用数据透视表功能，将年份作为数据的列索引，月份作为数据的行索引。

运行结果如图 10-16 所示。

根据图表可以看出，2011~2014 年每一年的新增客户数是逐年减少的趋势，可以看出该网站对保持老客户是有效的，网站的运营状况较为稳定。但是，新客户获取率比较低，可以不定期地进行主动推广营销，从而增加新客户数。

5. 用户价值度 RFM 模型分析

目前几乎所有企业业务都是以客户的需求为主导，都希望服务好客户，促进销售转化，最好能让客户对产品和品牌产生黏性，长期购买。于是市场和运营人员都会绞尽脑汁的做活动、上新品、蹭热点、做营销，不断地拓展客户和回访以维系客户感情。但是，这些工作除了少数运气好的之外，大部分效果都不是很好，真正有价值的客户没有几个。不同阶段、不同类型的客户需求点不同，有的客户图便宜，有的客户看新品，有的客户重服务，粗犷式的营销运营方法最后的结果往往都是事与愿违，企业的资源利润无法发挥其最大效用去创造最大化的利润。

Out[212]:

Order-year Order-month	2011	2012	2013	2014
1	160	27	15	18
2	114	32	24	15
3	116	39	24	19
4	84	19	11	7
5	70	30	23	11
6	75	39	17	4
7	73	27	11	12
8	86	24	11	8
9	54	21	11	10
10	39	23	14	5
11	40	20	16	7
12	46	21	11	7

●图 10-16　数据清洗、分组

那么如何进行客户价值分析，甄选出有价值的客户，让企业精力集中在这些客户上，有效地提升企业竞争力使企业获得更大的发展呢？解决的方法很简单，就是客户精细化运营。通过各类运营手段提高不同类型的客户在产品中的活跃度、留存率和付费率。而如何将客户从一个整体拆分成特征明显的群体决定了运营的成败。在客户价值领域，最具有影响力并得到实证验证的理论与模型有：客户终生价值理论、客户价值金字塔模型、策论评估矩阵分析法和 RFM 客户价值分析模型等。这里介绍一个最经典的客户分群模型，即 RFM 模型。

RFM 的含义如下。

1）R（Recency）：客户最近一次交易时间的间隔。R 值越大，表示客户交易发生的日期越久，反之则表示客户交易发生的日期越近。

2）F（Frequency）：值越大，表示客户交易越频繁，反之则表示客户交易不够活跃。

3）M（Monetary）：客户在最近一段时间内交易的金额。M 值越大，表示客户价值越高，反之则表示客户价值越低。

RFM 模型是衡量客户价值和用户创利能力的经典工具，依托于客户最近一次购买时间、消费频次及消费金额。在应用 RFM 模型时，要有客户最基础的交易数据，至少包含客户 ID、交易金额和交易时间 3 个字段。

根据 R、F、M 这 3 个维度，可以将客户分为以下 8 种类型，如图 10-17 所示。

划分群体类型	R（最近一次消费时间）	F（消费频率）	M（消费金额）	成交客户等级
重要价值客户	高	高	高	A级
重要发展客户	高	低	高	A级
重要保持客户	低	高	高	B级
重要挽留客户	低	低	高	B级
一般价值客户	高	高	低	B级
一般发展客户	高	低	低	B级
一般保持客户	低	高	低	C级
一般挽留客户	低	低	低	C级

●图 10-17　根据 R、F、M 维度进行客户分类

在这个表中将每个维度都分为高和低两种情况，进而将客户群体划分为 8 种类型，而这 8 种类型又可以划分成 A、B、C 3 个等级。例如，某个客户最近一次消费时间与分析时间的间隔比较大，但是该客户在一段时间内的消费频次和累计消费总金额都很高，这就说明这个客户就是 RFM 模型中的重要保持客户，为了避免该客户的流失，企业的运营人员就要专门针对这种类型的客户设计特定的运营策略，这也就是 RFM 模型的核心价值。

了解 RFM 模型的含义和作用，以及如何根据 RFM 模型对客户进行群体划分，需计算 R、F、M 每一个值，以及对每个维度对应的值进行高低划分等级。

R、F、M 每一个值是如何计算的，例如，该超市某用户的 2014 年的消费记录见表 10-2。

表 10-2　2014 消费记录表

Customer ID	Customer Name	Order Date	Sales	Product ID
KN-6705	Kristina Nunn	1/9/2014	128.736	OFF-TEN-10000025
KN-6705	Kristina Nunn	3/9/2014	795.408	FUR-FU-10003447

在这个数据中列出了 5 个字段，根据 RFM 模型只需要关注 Customer ID、Order Date、Sales 3 个字段的计算即可，假设分析的时间是 5/1/2014，下面分别计算该客户的 R、F、M 的值。

1）R：5/1/2014 - 3/9/2014 = 53。

2）F：消费次数 = 2。

3）M：消费金额 = 128.736 + 795.408。

计算出结果之后还是无法直接通过 R、F、M 单独的数据衡量客户的价值。那么如何根据这 3 个数值，分别对不同维度进行高低等级的划分？

当 R、F、M 每个值计算出来之后，可以使用评分的方式对每一个维度的数据进行评分。然后再根据所有数据的平均评分，对每一个评分进行高低等级的标记。

评分方式就是根据 R、F、M 值的特征，设定数值的区间，然后给每个区间对应不同的评分值，把每一个统计出来的数据值，对应上一个相应的评分值。R 的评分值设置与 F、M 的略有不同，因为 R 的值越大说明与最近一次的购买时间间隔越大，所以可以将 R、F、M 值的评分机制设置如下。

1）R：R 值越大，评分越小。

2）F：F 值越大，评分越大。

3）M：M 值越大，评分越大。

当 R、F、M 3 个维度对应的评分值设置完成之后，再利用每个维度评分值的平均值，对数据的 R、F、M 进行高低维度的划分。即当评分值大于等于对应的平均值时表示高，同理当评分值小于对应的平均值时表示低。这样就可以将数据整理成上面 8 种类型的表的结构，进而得到该用户是什么类型的客户。

上面对整个 RFM 模型进行了介绍，并且也将模型构建方式进行了步骤拆解，为了加深对 RFM 的理解，下面利用 Python 探索该超市 2014 年的客户群体。

第 1 步，分析的数据是该超市 2014 年全年的数据，并假设统计的时间为 2014 年 12 月 31 日。现在利用下面代码获取 2014 年全年的数据，如以下代码所示。

```
# 获取 2014 年数据
data_14 = data [data ['Order-year']==2014]
# 获取 3 列数据
data_14 = data_14[['Customer ID','Order Date','Sales']]
```

由于 RFM 模型分别对应着 Customer ID、Order Date 和 Sales 这 3 个字段，所以只获取这 3 个字段的数据。

第 2 步，对 2014 年数据按照 Customer ID 进行分组，然后再对每个分组的数据按照 Order Date 进行排序并获取出日期最大的那个数据，如以下代码所示。

```
# 排序函数
def order_sort(group):
return group.sort_values(by='Order Date')[-1:]
# 将数据按客户 ID 分组
data_14_group = data_14.groupby(by='Customer ID',as_index = False)
# 将每个分组对象的数据排序,并取出日期最大的数据
data_max_time = data_14_group.apply(order_sort)
print(data_max_time)
```

运行结果如图 10-18 所示。

Customer ID	Order Date	Sales
AA-10315	2014-12-23	45.990
AA-10375	2014-12-25	444.420
AA-10480	2014-09-05	26.760
AA-10645	2014-12-05	168.300
AA-315	2014-12-29	20.052
AA-375	2014-07-03	57.390
AA-480	2014-02-20	7.911
AA-645	2014-10-11	128.370
AB-10015	2014-12-15	151.200

●图 10-18　分组排序并取出日期最大的数据

第 3 步，经过分组之后同样可以快速算出 RFM 模型中的 F（购买次数）和 M（销售额总数），如以下代码所示。

```
# 为数据添加 F 列
data_max_time['F'] = data_14_group.size().values
# 为数据添加 M 列
data_max_time['M'] = data_14_group.sum()['Sales'].values
print(data_max_time)
```

运行结果如图 10-19 所示。

Customer ID	Order Date	Sales	F	M
AA-10315	2014-12-23	45.990	17	3889.20650
AA-10375	2014-12-25	444.420	14	1904.53800
AA-10480	2014-09-05	26.760	10	7752.90700
AA-10645	2014-12-05	168.300	19	3539.87880
AA-315	2014-12-29	20.052	3	787.39200
AA-375	2014-07-03	57.390	5	320.28000
AA-480	2014-02-20	7.911	3	73.77300
AA-645	2014-10-11	128.370	3	298.58700
AB-10015	2014-12-15	151.200	22	6620.05420
AB-10060	2014-12-06	479.360	22	5246.61120
AB-10105	2014-11-29	355.380	21	6092.54500

●图 10-19　计算 RFM 模型中的 F 和 M

第 4 步，目前已经获取到了 2014 年每个客户最后一次的购买时间了，现在需要根据假定时间计算出最近一次交易时间的间隔，如以下代码所示。

```
# 确定统计日期
stat_date = pd.to_datetime('2014-12-31')
# 计算最近一次交易时间的间隔
r_data = stat_date - data_max_time['Order Date']
# 为数据添加 R 列
data_max_time['R'] = r_data.values
print(data_max_time)
```

运行结果如图 10-20 所示。

Customer ID	Order Date	Sales	F	M	R
AA-10315	2014-12-23	45.990	17	3889.20650	8 days
AA-10375	2014-12-25	444.420	14	1904.53800	6 days
AA-10480	2014-09-05	26.760	10	7752.90700	117 days
AA-10645	2014-12-05	168.300	19	3539.87880	26 days
AA-315	2014-12-29	20.052	3	787.39200	2 days
AA-375	2014-07-03	57.390	5	320.28000	181 days
AA-480	2014-02-20	7.911	3	73.77300	314 days
AA-645	2014-10-11	128.370	3	298.58700	81 days
AB-10015	2014-12-15	151.200	22	6620.05420	16 days
AB-10060	2014-12-06	479.360	22	5246.61120	25 days
AB-10105	2014-11-29	355.380	21	6092.54500	32 days

●图 10-20　计算出最近一次交易时间的间隔

第 5 步，经过上面四步分别计算出了 RFM 各个维度的数值，现在可以根据经验及业务场景设定分值的给予区间。本项目中给定 F 的区间为[0,5,10,15,20,50]，然后采用 5 分制的评分规则与上面分值区间一一对应，例如，1～5 对应的为 1、5～10 对应的为 2，依此类推，如以下代码所示。

```
section_list_F = [0,5,10,15,20,50]
# 根据区间设置评分
grade_F = pd.cut(data_max_time['F'],bins=section_list_F,labels=[1,2,3,4,5])
# 添加 FS 评分列
data_max_time['F_S'] = grade_F.values
```

运行结果如图 10-21 所示。

Customer ID	Order Date	Sales	F	M	R	F_S
AA-10315	2014-12-23	45.990	17	3889.20650	8 days	4
AA-10375	2014-12-25	444.420	14	1904.53800	6 days	3
AA-10480	2014-09-05	26.760	10	7752.90700	117 days	2
AA-10645	2014-12-05	168.300	19	3539.87880	26 days	4
AA-315	2014-12-29	20.052	3	787.39200	2 days	1
AA-375	2014-07-03	57.390	5	320.28000	181 days	1
AA-480	2014-02-20	7.911	3	73.77300	314 days	1
AA-645	2014-10-11	128.370	3	298.58700	81 days	1
AB-10015	2014-12-15	151.200	22	6620.05420	16 days	5
AB-10060	2014-12-06	479.360	22	5246.61120	25 days	5
AB-10105	2014-11-29	355.380	21	6092.54500	32 days	5

●图 10-21　5 分制的评分规则与上面分值区间对应

第 6 步，根据第 5 步的思路，首先确定 M 维度的区间为[0,500,1000,5000,10000,30000]，然后采用 5 分制的评分规则与上面分值区间一一对应。同理，确定 R 维度的区间为[-1,32,93,186,277,365]，但是 R 维度所对应的评分顺序应该与 F 和 M 的相反，如以下代码所示。

```
# 设置 M 维度的评分
section_list_M = [0,500,1000,5000,10000,30000]
# 根据区间设置评分
grade_M = pd.cut(data_max_time['M'],bins=section_list_M,labels=[1,2,3,4,5])
# 添加 FS 评分列
data_max_time['M_S'] = grade_M.values
# 设置 R 维度的评分
import datetime
section_list_R = [datetime.timedelta(days=i) for i in [-1,32,93,186,277,365]]
# 根据区间设置评分
grade_R = pd.cut(data_max_time['R'],bins=section_list_R,labels=[5,4,3,2,1])
# 添加 FS 评分列
data_max_time['R_S'] = grade_R.values
```

运行结果如图 10-22 所示。

Customer ID	Order Date	Sales	F	M	R	F_S	M_S	R_S
AA-10315	2014-12-23	45.990	17	3889.20650	8 days	4	3	5
AA-10375	2014-12-25	444.420	14	1904.53800	6 days	3	3	5
AA-10480	2014-09-05	26.760	10	7752.90700	117 days	2	4	3
AA-10645	2014-12-05	168.300	19	3539.87880	26 days	4	3	5
AA-315	2014-12-29	20.052	3	787.39200	2 days	1	2	5
AA-375	2014-07-03	57.390	5	320.28000	181 days	1	1	3
AA-480	2014-02-20	7.911	3	73.77300	314 days	1	1	1
AA-645	2014-10-11	128.370	3	298.58700	81 days	1	1	4
AB-10015	2014-12-15	151.200	22	6620.05420	16 days	5	4	5
AB-10060	2014-12-06	479.360	22	5246.61120	25 days	5	4	5
AB-10105	2014-11-29	355.380	21	6092.54500	32 days	5	4	5

●图 10-22　R 维度所对应的评分顺序与 F 和 M 的相反

第 7 步，上面给每条数据的 RFM 都设置了对应的评分，现在需要根据每一个维度计算出对应的平均分，然后用对应的分数与平均分进行对比，大于平均分的值标记成 1，同理小于平均分的值标记成 0，以下代码所示。

```
# 设置 F 维度高低值
data_max_time['F_S'] = data_max_time['F_S'].values.astype('int')
# 根据评分平均分设置判别高低
grade_avg = data_max_time['F_S'].values.sum()/data_max_time['F_S'].count()
# 将高对应为 1,低对应为 0
data_F_S = data_max_time['F_S'].where(data_max_time['F_S']>grade_avg,0)
data_max_time['F_high-low']=data_F_S.where(data_max_time['F_S']<grade_avg,
1).values
# 设置 M 维度高低值
data_max_time['M_S'] = data_max_time['M_S'].values.astype('int')
# 根据评分平均分设置判别高低
grade_avg = data_max_time['M_S'].values.sum()/data_max_time['M_S'].count()
# 将高对应为 1,低对应为 0
data_M_S = data_max_time['M_S'].where(data_max_time['M_S']>grade_avg,0)
data_max_time['M_high-low']=data_M_S.where(data_max_time['M_S']<grade_avg,
1).values
# 设置 R 维度高低值
data_max_time['R_S'] = data_max_time['R_S'].values.astype('int')
# 根据评分平均分设置判别高低
grade_avg = data_max_time['R_S'].values.sum()/data_max_time['R_S'].count()
# 将高对应为 1,低对应为 0
data_R_S = data_max_time['R_S'].where(data_max_time['R_S']<grade_avg,0)
data_max_time['R_high-low']=data_R_S.where(data_max_time['R_S']>grade_avg,1)
.values
```

运行结果如图 10-23 所示。

Customer ID	Order Date	Sales	F	M	R	F_S	M_S	R_S	F_high-low	M_high-low	R_high-low
AA-10315	2014-12-23	45.990	17	3889.20650	8 days	4	3	5	1	1	0
AA-10375	2014-12-25	444.420	14	1904.53800	6 days	3	3	5	1	1	0
AA-10480	2014-09-05	26.760	10	7752.90700	117 days	2	4	3	0	1	1
AA-10645	2014-12-05	168.300	19	3539.87880	26 days	4	3	5	1	1	0
AA-315	2014-12-29	20.052	3	787.39200	2 days	1	2	5	0	0	0
AA-375	2014-07-03	57.390	5	320.28000	181 days	1	1	3	0	0	1
AA-480	2014-02-20	7.911	3	73.77300	314 days	1	1	1	0	0	1

●图 10-23　计算平均分并用对应的分数与平均分进行对比

第 8 步，现在基本完成对每个数据 RFM 高低值的设置，接下来就可以根据 RFM 的高低值对每个客户进行类型标记了，如以下代码所示。

```python
# 截取部分列数据
data_rfm = data_max_time[['Customer ID','R_high-low','F_high-low','M_high-low']]
def get_sum_value(series):
    return ''.join([str(i) for i in series.values.tolist()[1:]])
# 添加 RFM 字符串列
data_rfm['data_rfm'] = data_rfm.apply(get_sum_value, axis=1)
dic = {
    '111':'重要价值客户',
    '101':'重要发展客户',
    '011':'重要保持客户',
    '001':'重要挽留客户',
    '110':'一般价值客户',
    '100':'一般发展客户',
    '010':'一般保持客户',
    '000':'一般挽留客户',
}
# RFM 字符串数据映射成对应类型文字
data_rfm['data_rfm'] = data_rfm['data_rfm'].map(dic)
print(data_rfm)
```

代码解析：为方便观察数据，首先获取部分列数据；然后根据高低值 1 和 0 的 8 种组合，逐一与文字对应成字典中键值对，最后在数据的后面添加的一列 data_rfm 数据。

运行结果如图 10-24 所示。

Customer ID	R_high-low	F_high-low	M_high-low	data_rfm
AA-10315	0	1	1	重要保持客户
AA-10375	0	1	1	重要保持客户
AA-10480	1	0	1	重要发展客户
AA-10645	0	1	1	重要保持客户
AA-315	0	0	0	一般挽留客户
AA-375	1	0	0	一般发展客户
AA-480	1	0	0	一般发展客户
AA-645	1	0	0	一般发展客户
AB-10015	0	1	1	重要保持客户
AB-10060	0	1	1	重要保持客户
AB-10105	0	1	1	重要保持客户

●图 10-24　数据的 RFM 高低值的设置

到此为止已经给所有的客户都设置好 RFM 的标签，现在来看一下 2014 年不同类型人群占比，如以下代码所示。

```
size = data_rfm.groupby(by ='data_rfm').size()
size = size.to_frame()
size['rfm_pct'] = ["% .2f% % "% (i /sum(size.values) * 100) for i in size.values]
print(size)
```

运行结果如图 10-25 所示。

data_rfm	0	rfm_pct
一般价值客户	6	0.40%
一般保持客户	7	0.46%
一般发展客户	413	27.33%
一般挽留客户	135	8.93%
重要价值客户	265	17.54%
重要保持客户	436	28.86%
重要发展客户	151	9.99%
重要挽留客户	98	6.49%

●图 10-25　2014 年不同类型人群占比

10.4　案例结论

1. 结论依据

无论在什么环境中，总会有二八法则的存在。例如，20%的客户为公司提供了80%的利润。前面 RMF 模型分类出了 8 种不同性质的客户，下面根据客户对平台的贡献度做了排序。

一般挽留客户→一般发展客户→一般保持客户→一般价值客户→重要挽留客户→重要发展客户→重要保持客户→重要价值客户

一个客户流入电商平台，客户行为转化大致和上面的顺序一样，从一开始注册到频繁浏览，再到习惯性在平台购买小件低额商品，客户通过多次消费行为对平台累积了信任后会开始购置大件大额商品，最终成为平台的重要价值客户。相反，如果平台哪里做得让客户体验差，重要价值客户也有可能降低购买量甚至流失。所以，无论对客户做出什么样的营销策略，目的都是加大客户不断地从一般挽留客户向重要价值客户转化，减小重要价值客户向一般挽留客户转化。从而实现平台客户的积累。

那么处于不同阶段的客户，应该根据客户的阶段特性来制定不同的策略。下面分析一下每组客户的特性。

- 一般挽留客户：这类客户 RFM 3 个值都低，说明已经是流失的客户。针对这批客户召回的成本一般会比较高，因为客户长时间没在平台有任何行为，有可能 app 都已经卸载。所以一般针对这种客户只会在特定的大型活动才会采取全面的短信、广告和推送召回。比如在双十一、黑色星期五等大型购物狂欢节；或者说公司到了一个新阶段，大量资金投入客户新增，如"瓜分 5 个亿""无上限砍价"等活动。
- 一般发展客户：这类客户只是有近期购买行为但是购买商品利润低而且也不活跃。一般分两种类型，一种是刚注册的客户，另一种就是由于体验感一般接近流失的客户。针对刚注册的用户一般会采取"新人大礼包"等优惠，一般"新人大礼包"会尽量多的覆盖平台上的不同商品品类，提高新客户了解平台产品的动力。而针对接近流失的客户应该从客服、物流等多角度追溯客户过去不满的原因，对平台进一步完善。
- 一般保持客户：这类客户只是频繁浏览，但是很久没有成交了。针对这类客户，一般会结合客户最近浏览的商品进行相关优惠推送，促进客户的成交行为。
- 一般价值客户：这类客户已经在平台上养成了自己的购买习惯，已经处于多次频繁购买的阶段，但是购买的商品价格都比较低，产生的利润也低。对这类客户应该进一步分析，是属于购买力低还是大额商品有其他习惯成交的平台。针对前者一般不需要采取特别的措施，而针对后者应该时刻注意用户的浏览商品动向，如果客户浏览远超过平时客单价的商品应该及时给予优惠政策。
- 重要挽留客户：这类客户消费金额较高，消费频次偏低，而且已经很久没有消费行为了。这种客户曾经算是平台的忠实客户，而且能为平台提供比较大的利润。但是很有可能马上就要流失了，所以应该进行重点挽留，如给客户更多关怀，客服主动沟通，建立平台形象，针对客户有什么不满意的地方应当及时解决，并给予优惠补偿。
- 重要发展客户：这类客户最近有消费，且整体消费金额高，但是购买不频繁。这种客户是有购买力的客户，应当重点维护，提升客户在消费中的体验感，比如加送"运费险"等附加增值服务。
- 重要保持客户：最近一次消费时间较远，消费金额和消费频次比较高。这种客户一般有网购习惯，但是最近却很久没有来消费，说明很可能已经流向其他的平台。所以非常有潜力可挖，必须重点发展。要关注竞品的活动，做出合理的方案。

- 重要价值客户：这类客户 RFM 3 个值都很高，是平台重点维护的客户，平台应保证服务质量，保持客户在平台每次购物体验。

2. 本次案例结论

通过对不同客户的行为分析，结合案例的结果得出，该平台重要价值客户占总体 17.54%，说明该公司已经沉淀了一批优良客户，而且这个比例还算是比较乐观。但有 28.86% 的重要保持客户，这批客户是曾经高频购买且消费金额大的客户，但是近期没有成交行为，说明已经有流失倾向，这批客户需要着重关注。另外一般发展用户也占了 27.33% 的比例，说明在客户新增的阶段做得还不错，但是其他类型的比例都偏少。这组数据说明了这个平台整体已经处于客户流失的阶段，客户整体活跃行为已经降低，需要维护现有忠诚的客户，同时也要花精力在新客户向重要价值客户的转化上。